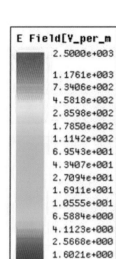

E Field[V_per_m]

2.5000e+003
1.1761e+003
7.3406e+002
4.5818e+002
2.8598e+002
1.7850e+002
1.1142e+002
6.9543e+001
4.3407e+001
2.7094e+001
1.6911e+001
1.0555e+001
6.5884e+000
4.1123e+000
2.5668e+000
1.6021e+000
1.0000e+000

口絵図 1
電界分布強
度の色表示

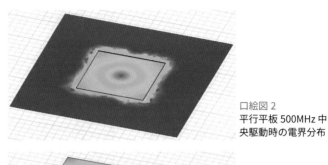

口絵図 2
平行平板 500MHz 中
央駆動時の電界分布

口絵図 3
平行平板 700MHz 中央
駆動時の電界分布

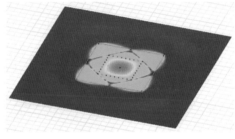

口絵図 4
平行平板（ビア接続）
700MHz 中央駆動時の
電界分布

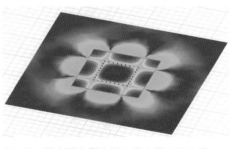

口絵図 5
平行平板（ビア接続）
1.05GHz 中央駆動時
の電界分布

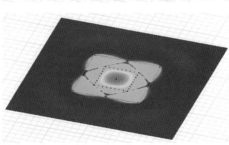

口絵図 6
平行平板（2 段ビア
接続）1.05GHz 中央
駆動時の電界分布

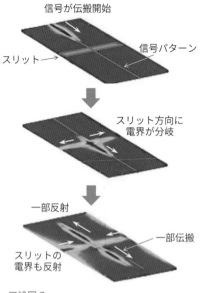

信号が伝搬開始

スリット→

信号パターン

スリット方向に
電界が分岐

一部反射

一部伝搬

スリットの
電界も反射

口絵図 7
信号伝搬でのスリットの影響
（電磁界解析結果）

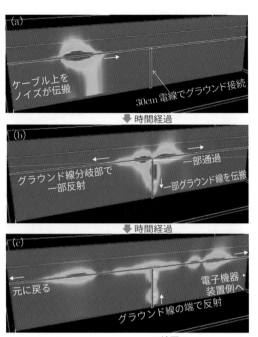

(a)

ケーブル上を
ノイズが伝搬

30cm 電線でグラウンド接続

↓ 時間経過

(b)

グラウンド線分岐部で
一部反射

一部通過

一部グラウンド線を伝搬

↓ 時間経過

(c)

元に戻る

電子機器・
装置側へ

グラウンド線の端で反射

口絵図 8
グラウンド線 30cm と
したときのノイズ伝搬

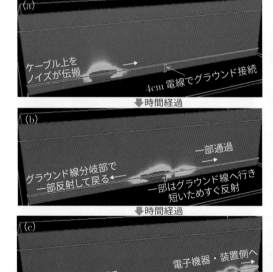

(a)

ケーブル上を
ノイズが伝搬

4cm 電線でグラウンド接続

↓ 時間経過

(b)

グラウンド線分岐部で
一部反射して戻る

一部通過

一部はグラウンド線へ行き
短いためすぐ反射

↓ 時間経過

(c)

元に戻る

電子機器・装置側へ

口絵図 9
グラウンド線 4cm とし
たときのノイズ伝搬

電子機器・装置の
ノイズ対策入門

—グラウンド／シールド設計徹底理解—

斉藤 成一 (著)

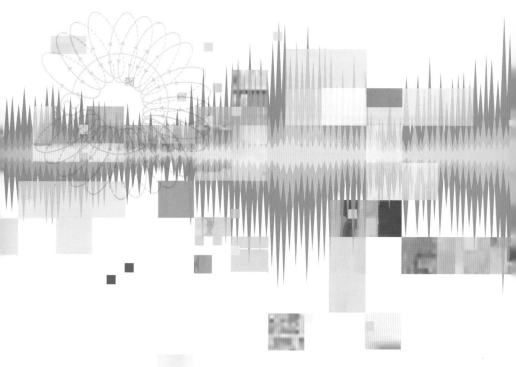

Ohmsha

はじめに

　近年，身のまわりの電子機器・装置や社会インフラの電子装置・設備などに実装される電子回路の高速化が進んでおり，開発・設計を行うための技術ハードルがますます高くなっています．特に，電磁ノイズが印加されたときに耐える能力（イミュニティ）および電子機器・装置からのノイズの発生を抑えて他の機器に対する干渉（EMI）低減において，今まで以上に高い周波数への対応が求められています．

　導線を伝わるノイズを低減させる設計・対策がグラウンドであり，空間を伝わるノイズを低減させる設計・対策がシールドです．グラウンドでは，回路の高速化とともにインピーダンスの上昇や共振への対応などの課題が顕在化し，トライアルアンドエラーや1点グラウンドの考え方では解決不可能なケースが非常に多くなっています．シールドでは，シールド方法の種類やポイントを知らなかったために，シールド効果が思い通り得られずに耐ノイズ性やEMI規格が満足できなかったり，大幅なコスト増大が発生したりするケースが見られます．

　筆者は，電機メーカでの製品開発や研究の経験および学会の委員会活動から，多くのエンジニアがノイズ関連の課題やトラブルで悩んでいるところを目のあたりにしてきました．しかし，例えば1か月経っても収束しなかった誤動作トラブルが，メカニズムを考え基本技術（グラウンドインピーダンスや電磁シールド対策など）を適用することで，1日で根本解決することも珍しいことではありませんでした．

　本書では，これらの課題解決に向けて必要な基本技術をできるだけわかりやすく解説するとともに，基板から装置・システムに至るまで実際の設計に効果的に展開できるように工夫しました．具体的には，基本的な計算に照らしながら考え方の展開プロセスを丁寧に記述するとともに，本書の最大の特徴となる，リアルな実験状況を再現するとともに事例を適宜交えることで理解度を高めます．なお，事例説明では単なる事例紹介に留まらず，事例分析によって応用力を養うことを志向しています．

　技術力の差は設計品質，設計効率そして問題解決能力を左右します．本書によ

り多くの皆様がノイズ関連の実践的な技術力を身につけられ，電子機器・装置の開発・設計，品質管理，教育などに役立てていただけることを切に願っています．

2020 年 2 月

斉藤　成一

目　次

1章

ノイズの伝わり方と EMC

　ノイズ対策は難しく，長い経験が必要だと昔からいわれてきました．これはノイズが伝わる経路が接続図や回路図と一致するとは限らず，導体や空間をノイズが気ままに伝わって見えるためだと思います．

　でも解決の鍵があります．それは，ノイズも電気信号ですので，物理法則（電気法則）に基づいて導体や空間を伝わるという根本を把握することです．基本に立ち返ることで，試行錯誤ではない解決策が見つかるのです．物理法則（電気法則）といっても難しい理論を展開するのではなく，オームの法則など基本的な考え方を確実にそして適切に適用することが重要です．

ノイズは気まぐれ
じゃないんだね

物理法則に従って
導体や空間を
伝わるんだって

　ポイントを把握して実践に展開するように取り組めば，ノイズを本質的に研究している人を除けば，電子機器・装置の EMC 設計やノイズ対策をすることはそれほど難しいものではありません．また，発生する現象を掘り下げて考える習慣は必要ですが，長い経験は必ずしも必要ないはずです．

　本章では，EMC の設計・対策における基本事項を確認し，ノイズの発生とノイズの伝わり方について説明しましょう．

1.1　EMC 設計・対策での基本事項

1.1.1　EMC とは

EMC（electromagnetic compatibility）とは，ノイズを出す側（妨害側）と
ノイズを受ける側（受動側）とを両立させること，すなわち**電磁環境の両立性**
のことです．この電磁環境の両立性をテーマとし，ノイズに関する各種課題を
研究・解決していく工学の専門分野を**環境電磁工学**といいます．また，電子
機器・装置から見て，妨害側として他の機器・装置に影響を与えることを **EMI**
（electromagnetic interference：**電磁ノイズ干渉**），逆に受動側として影響を受け
にくいことを**イミュニティ**（immunity：**ノイズ耐性**）といいます．

　図 1.1 は **EMC の基本概念**を示したもので，電磁環境において妨害側と受動側
との両立性を図ることが EMC の基本的考え方になります．なお，イミュニティ
の代わりにニュアンスの若干異なる **EMS**（electromagnetic susceptibility：**電磁
ノイズに対する感受性**（感じやすさ））を用いることもありますが，妨害側と受
動側との両立性を図る EMC の基本的考え方は同じです．

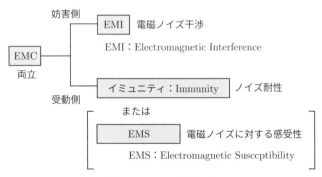

図 1.1　EMC の基本概念

　電子機器・装置のノイズ対策を行ううえで，EMC の基本概念を念頭におく必
要があります．すなわち，妨害側と受動側を意識することが大切です．以下に本
書で説明していきます．

🔲 1.1.2 ノイズの発生

ノイズ（noise）とは，目的とする信号以外の不要な成分（不要な信号や放射）のことで，**雑音**と訳されます．一口にノイズといっても，①〜③を組み合わせた特性・特徴をもっています．

① ノイズレベル：低レベルのノイズから高レベルのノイズまで
② 持続性：連続したノイズと瞬時発生するノイズ
③ 周波数：低い周波数成分のノイズから高い周波数成分をもつノイズまで

また，発生源によってノイズを分類すると，自然現象によって発生する**自然ノイズ**と機械などの動作により発生する**人工ノイズ**に大きく分けられます．

〔1〕自然ノイズ

代表的な**自然ノイズ**を**図 1.2** に示し，以下に説明します．

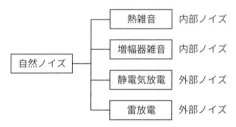

図 1.2　代表的な自然ノイズ

熱雑音（thermal noise）

熱雑音とは，抵抗の両端に発生する**ホワイトノイズ**（white noise：白色雑音）で，**図 1.3** に示すような低周波からきわめて高い周波数まで振幅が一定のノイズです．電圧レベルは nV（10^{-9} V）〜μV（10^{-6} V）オーダーで数値自体は大きくはありません．発見者の名前から**ジョンソンノイズ**（Johnson noise）とも呼ばれます．熱雑音電圧の実効値 e_n〔V〕は，抵抗値 R〔Ω〕，絶対温度 T〔K〕，周波数帯域 B〔Hz〕とすると，式 (1.1) で計算できます．

$$e_n = \sqrt{4kTBR} \quad \text{〔V〕} \tag{1.1}$$

ここに，k：ボルツマン定数（Boltzmann constant）1.38×10^{-23} J/K

3

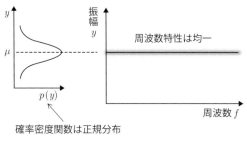

図 1.3　熱雑音はホワイトノイズ

　熱雑音は物理現象によるもので，現象自体を避けることはできません．電子回路を構成する部品（抵抗）そのものに発生するため，通信モデムやマイクロ波回路，各種アナログ回路など，高分解能信号や低レベル信号を扱う場合には影響度が大きく，性能を左右します．このような回路を設計する際，回路の抵抗値を下げたり帯域を狭めたり，また温度上昇を抑えるなど熱雑音低減策を適用する必要があります．

増幅器雑音

　増幅器を構成するトランジスタから発生するショットノイズや抵抗器から発生する熱雑音を合わせたもので，電圧レベルは nV〜μV オーダーです．増幅器を設計する際に重要な NF（noise figure）値としてスペック化され，増幅器の S/N 性能を左右します．上記の熱雑音と同様，アナログ回路では重要な項目ですが，ディジタル回路への影響は通常ほとんどありません．

静電気放電

　物体にチャージした静電気の放電（electrostatic discharge）で発生する過渡ノイズです．静電気発生時の電圧レベルは 100 V〜10 kV，あるいはそれ以上にもなり，電流パスのインピーダンスによりますが，放電時にかなり大きなピーク電流が流れます．冬季は空気が乾燥するため絶縁抵抗が高くなり，人体や物体などに静電気が帯電しやすくなっています．電子機器・装置が誤動作する頻度が冬季に大きく偏って高い場合，その原因は静電気に関係している可能性が高いと考えられます．

　電子機器・装置の静電気放電に対する耐力を測定するには，人体などの帯電では安全上の問題や測定条件が変化してしまうため，静電気試験器が用いられま

す．**図 1.4** は，静電気試験器の接触放電を行ったときに近傍のループコイルに誘起した波形の例です．放電時の比較的高い周波数の後に低い周波数振動が残ることがあります．これは静電気放電ガンのケーブル共振によるものと考えられます．静電気試験器による試験は，シャーシへの放電電流だけでなく近傍に発生する空間ノイズに対する耐力評価にもなり，放電電圧を上げることで厳しい試験になります．このことから，静電気試験器による試験は，静電気放電耐力評価だけでなく，電子機器・装置の汎用的な耐ノイズ性評価としても広く用いられています．

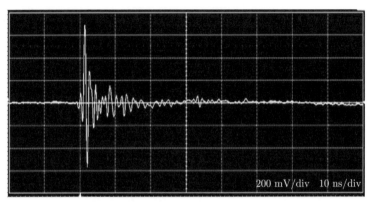

200 mV/div　10 ns/div

図 1.4　静電気試験器の放電時の近傍ノイズ（ループコイル検出）

らい
雷放電

　積乱雲（雷雲）に蓄積された電荷によって，上空の雷雲の間や雷雲と大地の間に電位差が発生し，電位差が高くなると放電が起こる現象です．また，雷放電は主放電（**直撃雷**）だけでなく，2 次的に発生する**誘導雷**があります．直撃雷に比べればエネルギーは小さいものの発生頻度が高く，また広範囲に影響を及ぼします．アンテナ給電線，信号ケーブル，そして電源ケーブル経由で電子機器・装置に過渡ノイズが侵入します．

　雷放電ノイズは，比較的周波数の低い成分を主とした大電力のノイズです．直撃雷は猛烈な電流が流れ，電子機器・装置が受けると甚大な被害となるため，避雷針の設置とともに放電電流経路からの結合を避けることが基本的対策となります．誘導雷であっても kV オーダーのサージが誘導することもあり，半導体破損や絶縁破壊に結び付きます．侵入を防止するのが望ましく，侵入経路からケーブルを離す対策，ケーブルからの信号を絶縁する対策，ケーブル入出力にサージア

ブソーバを挿入する対策などを適宜行います.

〔2〕人工ノイズ

代表的な人工ノイズを**図 1.5** に示します. 人工ノイズは必ずしも機器外部で発生するとは限らず機器内部で発生することもあります. 各種人工ノイズについて, 以下に説明します.

図 1.5　代表的な人工ノイズ

負荷 ON/OFF ノイズ

負荷 ON/OFF ノイズは, 負荷をスイッチングするときに発生するノイズで, インダクタンスを含む負荷では高い電圧が発生します. 電子機器・装置内に負荷があれば内部ノイズ, 負荷が外部であれば外部ノイズとなります. **図 1.6** は, インダクタンス負荷 L を接点で ON/OFF したときの等価回路と概略波形イメージを示したものです. 式 (1.2) に示す通り, 接点 OFF 時の電流変化によって, 高い過渡電圧 V_L が負荷 L の両端に発生します.

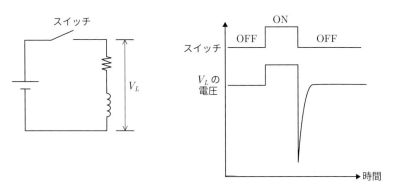

図 1.6　インダクタンスを含む負荷 ON/OFF による概略波形イメージ

$$V_L = -L \frac{di}{dt} \tag{1.2}$$

なお，接点 OFF 時の高い電圧の発生は接点間の放電を伴うため，多くの場合に次の放電ノイズを同時に発生します．

放電ノイズ

放電とは，大気中の電極間の電位差が限界を超えると空間を電流が流れる現象です．このとき，強い光や音が観測されることも多く，ノイズが発生します．特に**アーク放電**は，電極間が接近または遠ざかる際に発生し，放電電流およびエネルギーが大きいため大きなノイズ発生源になります．

図 1.7 は，300 kV 変電所の遮断器（電源系統のオンライン切換え）が動作してアーク放電が発生し，ノイズが制御装置への電圧センサー・ケーブルに誘導したときの波形例です．過渡的に非常に高い電圧の発生が観測されています．

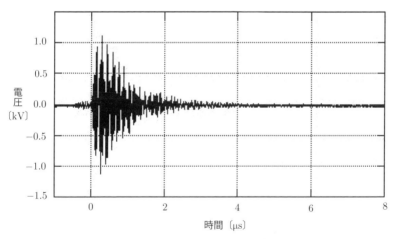

図 1.7　変電所の遮断器動作によるノイズ実測波形

図 1.8 は DC 5V 電磁リレー（インダクタンス負荷）を接点で ON/OFF したときの接点間の電圧波形を示したものです．上記の負荷 ON/OFF ノイズ同様，インダクタンス負荷の電流 OFF 時に高い電圧が接点間に印加，接点が離れていく過程で高い電圧とアーク放電が交互に繰り返し発生し，細かい振動波形（**シャワリングアーク**）となります．

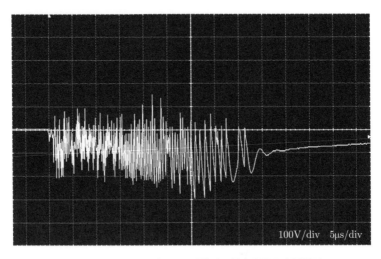

100V/div　5µs/div

図1.8　シャワリングアーク発生時の接点間電圧実測波形

無線などの電磁波妨害

　無線電波は，その電波を受信している無線機器にとっては信号でも，その電波を目的としていない無線機器や電子機器・装置にとっては空間ノイズと考える必要があります．特に，無線電波発生源のアンテナ近傍は強い電界強度にさらされるため，対策が必要となります．図1.9は放送電波の一例としてAM放送電波波形の模式図を示したものです．AM放送電波（振幅変調）は，搬送波周波数が一定で音声信号によって振幅が変化します．

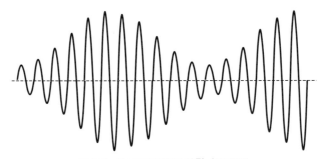

図1.9　AM放送電波波形例（模式図）

ディジタル信号による妨害

　電子機器・装置内部では，ディジタル信号やアナログ信号が回路間を伝送して

います．これらの信号も，その信号を目的としていない回路にとってはノイズ源と考える必要があります．特に，ディジタル信号はパルス波のため，低い周波数成分から高い周波数成分までが含まれ，しばしば妨害源となります．ディジタル信号波形例を図 1.10 に示します．

電子機器・装置からの EMI 放射として問題となることがありますが，このノイズ発生源の多くはディジタル信号です．

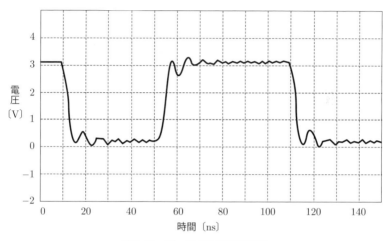

図 1.10　ディジタル信号波形例

1.1.3　タイムドメインと周波数ドメイン

ノイズの特性や性質を知るうえで，タイムドメインと周波数ドメインの関係を理解し，必要に応じて使い分けることが EMC 設計・対策の役に立ちます．

タイムドメイン（time domain：**時間領域**）は，信号を時間軸により解析すること，すなわち波形観測を意味します．過渡ノイズは，瞬間的に発生するわずかな時間での振幅変化が問題となりますので，タイムドメインで調べる必要があります．代表的な測定器はオシロスコープです．

一方，**周波数ドメイン**（frequency domain：**周波数領域**）は，信号を周波数軸により解析すること，すなわち**スペクトル**観測を意味します．例えば，**RF 信号**（radio frequency signal：**無線周波数信号**）は周波数の決まった連続した正弦波信号のため，周波数ドメインによりスプリアス特性（必要周波数帯域外への

電磁波放射特性）やノイズの影響を調べるほうが効果的です．また，EMI 規格に対応した測定は，規格が周波数に対応したレベルで規定されていることもあり，通常は周波数ドメインで測定します．代表的な測定器は，電界強度の周波数特性が観測できる**スペクトラムアナライザ**（spectrum analyzer）です．

　FFT（fast Fourier transform）および逆 FFT により，タイムドメインのデータを周波数ドメインのデータに，あるいは周波数ドメインのデータをタイムドメインのデータに変換することも可能です．前述の図 1.8 のシャワリングノイズ波形（オシロスコープで測定）を，FFT により周波数スペクトルに変換したものを**図 1.11** に示します．瞬時の過渡的な波形はオシロスコープのほうが詳細に観測できますが，含まれている周波数成分を調べたいときなど，必要に応じて周波数ドメインに変換すると効果的な分析ができることがあります．ただし，FFT では，対象波形は解析区間以外も同様な波形が無限に繰り返されている想定での計算になるので窓関数（Hamming や Rectangle など）を適切に設定します．それでも，対象波形によって少なからず誤差が含まれることに留意する必要があります．また，サンプリング周波数によるナイキスト周波数やサンプリング時の量子化誤差などに対する考慮も必要です．

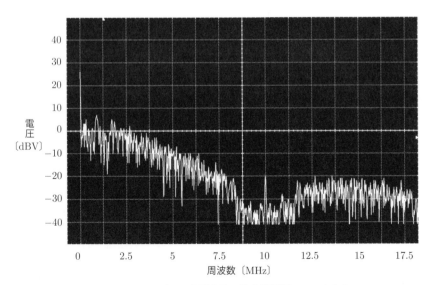

図 1.11　シャワリングアーク発生時の接点間電圧のスペクトル

誤動作原因の追及にはタイムドメイン

　電子機器・装置における誤動作やデータ異常発生の追及に際し，まず原因が信号系にあるのか，またはノイズによるものかを調べる必要があります．信号系に対しては，誤動作信号やデータ異常発生をトリガとして制御信号やデータの波形を観測します．このとき，信号レベルやジッタをチェックする測定器はオシロスコープ，周波数分布や周波数変動を調べる測定器はスペクトラムアナライザが適しています．

　トラブルを追及する際，信号系をチェックして問題がない場合は，ノイズの可能性を考えて追及していきます．ノイズの追及では，回路の誤動作発生の瞬間の状態変化や過渡ノイズ測定が必要なので，スペクトラムアナライザでは正しく捕捉することはできません．不定期にときどき発生するノイズ，ノイズのピーク電圧や時間的変化などが観測できないからです．オシロスコープを使い，通常動作時はトリガがかからないようにし，誤動作信号や瞬間に現れるノイズでトリガをかけて波形を捕捉する方法をとります．信号とノイズとの区別が難しいときは，適宜信号を停止してノイズ観測を行います．

　図 1.12 は，ディジタル信号にノイズが重畳し，ゲート回路出力に細いパルスが現れた現象を波形模式図で示したものです．ノイズがスレッショルドを超えたため，ディジタル素子が誤動作した瞬間です．このように，トリガレベルをノイズレベル（必要に応じてディジタル素子のスレッショルドよりも低いレベル）に合わせて，適宜 2 現象または多現象のオシロスコープでロジック動作を確認しながら誤動作原因を追究していきます．

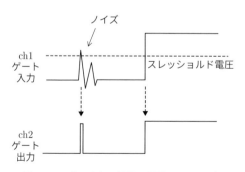

図 1.12　ディジタル信号に重畳したノイズ

1.1.4　パルス波と正弦波の関係

　代表的な信号として**正弦波**と**パルス波**があります．**図 1.13** は，正弦波とパルス波について，波形および周波数スペクトルを示したものです．正弦波の基本周波数は 1 つですが，パルス波は基本周波数のほか，基本周波数の 2 倍，3 倍，4 倍，…の高調波が含まれている点が大きく異なります．すなわち，基本周波数が同じでも，パルス波には高い周波数までの高調波成分が含まれています．

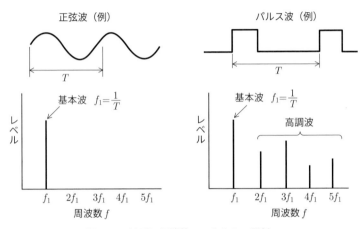

図 1.13　波形と周波数スペクトルの関係

パルス波をフーリエ級数展開により正弦波へ分解

　典型的なディジタル信号波形として，連続する Duty50%（論理 H と L の期間が 50％ずつ）の台形パルス波形を**図 1.14** に示します．この波形は，**フーリエ級数展開**（Fourier series expansion）によって，式（1.3）のように正弦波を加算し

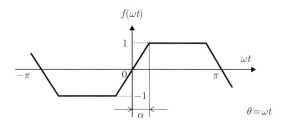

図 1.14　Duty50%の連続パルス波形

た式で表すことができます.

$$y(\omega t) = \frac{4}{\pi}\frac{\sin\alpha}{\alpha}\sin\omega t + \frac{4}{3\pi}\frac{\sin 3\alpha}{3\alpha}\sin 3\omega t + \frac{4}{5\pi}\frac{\sin 5\alpha}{5\alpha}\sin 5\omega t + \cdots$$

$$(1.3)$$

　式 (1.3) は，基本周波数 $\sin\omega t$（**基本波**）と**高調波**（harmonics）成分の 3 次高調波 $\sin 3\omega t$，5 次高調波 $\sin 5\omega t$, …（無限項）が含まれていることを表しています．なお，このような Duty50%のパルス波では，偶数次の高調波成分がなく，奇数次の成分だけが含まれます.

　図 1.15 は，立上り立下りの急峻な（$\alpha = \frac{\pi}{100}$）Duty50%のパルス波に含まれる周波数成分を示したものです．横軸は周波数軸で基本波 f_1 およびその高調波の f_3（3 次），f_5（5 次），…，f_{19}（19 次）の各成分の振幅を棒グラフで示しています．高い次数までレベルの低下が緩やかで，高い周波数成分が多いことが確認できます．一方，**図 1.16** は，立上り立下りの変化がゆっくりした（$\alpha = \frac{\pi}{6}$）Duty50%のパルス波に含まれる周波数成分です．図 1.15 と比べて高い次数の高調波成分が少なく，特に 5 次以上の高い周波数成分が少ないことがわかります.

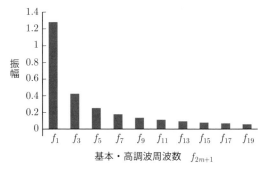

図 1.15　Duty50%のパルス波に含まれる周波数（$\alpha = \frac{\pi}{100}$ のとき）

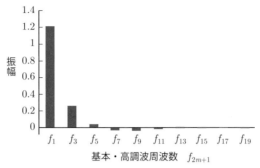

図 1.16　Duty50%のパルス波に含まれる周波数（$\alpha = \dfrac{\pi}{6}$ のとき）

　このように，パルス波の立上り立下りが急峻な（時間が短い）ほど，高い周波数成分が多く含まれており，このことを理解することが，ディジタル信号を扱ううえでの基本となります．

正弦波からパルス波を合成

　パルス波を複数の正弦波に分解したのとは逆に，基本周波数と高調波の複数の正弦波からパルスを合成する様子を**図 1.17** に示します．各正弦波の位相を合わせ，振幅を式 (1.3) の各項の係数に合わせて加算していくことで，パルス波形が合成できます．例えば図 1.17(a) のように基本波から 7 次高調波までを加えると若干のリップル（論理 H や L の状態での脈動）を含んだパルス波形が合成できます．このように 7 次の高調波までを加えると，1 周期のパルスに 7 つの山をも

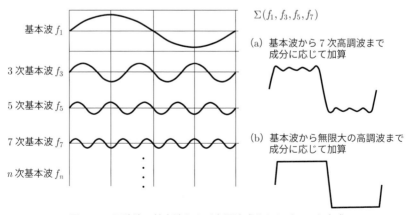

図 1.17　正弦波の基本波および高調波成分からパルスを合成

つりリップルが現れます．また，図 1.17（b）のように基本波から無限大の高調波成分までを係数に合わせて加えると，リップルのないパルス波形が合成できます．

1.2 ノイズの伝わり方

1.2.1　ノイズの伝わる経路は導体と空間

　ノイズを出す側とノイズを受ける側との両立性を図るためには，ノイズの発生源を明確にするとともに，ノイズの伝わる経路（導体または空間）を把握することが基本となります．

　表 1.1 は，ノイズの伝わり方の分類とその基本的対策を整理して表にしたものです．ノイズの影響を受けたときに，導体を伝わる場合，共通インピーダンスによる誘導なのか，あるいは導線を伝導しているのかを考えます．また，空間を伝わる場合は，静電誘導，磁界の影響，電磁誘導，あるいは電磁波放射なのかを考えます．

電子機器・装置におけるノイズの伝わる経路

　図 1.18 は，機器 A がノイズ発生源のとき，機器 A からのノイズが機器 B に伝わる経路を表す模式図です．このとき，導体経由のノイズ伝搬経路としては，信号ケーブル，AC ケーブル，そしてグラウンドが考えられます．これら導体を経由してノイズが伝わり，機器 B 内部に侵入する経路です．

　一方，空間経由のノイズ伝搬経路としては，まず機器 A から機器 B に空間を直接伝わる経路があります．また，導体（信号ケーブル，AC ケーブル，グラウンド）にいったんノイズ電流が流れ，その導体がアンテナとなって機器 B に空間で伝わる経路があります．空間経由のノイズ伝搬では，発生源の種類や空間距

表 1.1 ノイズの伝わり方の分類とその基本的対策

経 路	分 類	説 明	基本的対策
導線	共通インピーダンスによる誘導	回路間の共通インピーダンスに流れる電流による誘導. 導電誘導,または単に共通インピーダンスともいいます.	・グラウンド強化 ・電流を減らす
	伝導	ケーブル,パターンなど導線上を伝搬. 伝導のモードには,コモンモードとディファレンシャルモード(ノーマルモード)があります.	・差動入力 ・フィルタ
空間	静電誘導	電界による誘導(容量性結合) 電圧性ノイズ発生源から近距離(距離 $\lambda/2\pi$ が基準)での誘導.高い周波数では λ が短く,例えば 1 GHz で距離 $\lambda/2\pi = 4.8$ cm 以上は静電誘導でなく,電磁波として扱います.	・距離を離す ・電界/磁界/磁波に適合したシールド
	磁界の影響	発生磁界近傍への影響. 地磁気(直流磁界)が影響することもあります.	
	電磁誘導	電磁誘導(交流磁界)による誘導(結合). 電流性ノイズ発生源から近距離(距離 $\lambda/2\pi$ が基準)での誘導.高い周波数では λ が短く,例えば 1 GHz で距離 $\lambda/2\pi = 4.8$ cm 以上は電磁誘導ではなく,電磁波として扱います.	
	電磁波放射	電磁波の伝搬. 電圧性または電流性ノイズ発生源のいずれでも,発生源から遠距離(距離 $\lambda/2\pi$ が基準)では電磁波の伝搬.低い周波数では λ が長く,例えば 10 MHz で距離 $\lambda/2\pi = 4.8$ m 以下は電磁波ではなく,電界または磁界として扱います.	

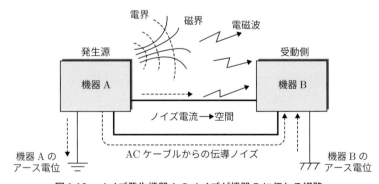

図 1.18 ノイズ発生機器 A のノイズが機器 B に伝わる経路

離などによって，電界，磁界，または電磁波の形で伝わります．

　図 1.19 は，ノイズ発生源からのノイズが機器 A を経由して機器 B に伝わる経路を表す模式図です．ノイズを受ける側の機器 B から見たとき，本当は外部からのノイズであっても機器 A がノイズ発生源に見えてしまいがちです．ノイズが侵入した機器 A が改めてノイズ源のようにふるまい，機器 B にノイズが伝わります．このとき注意しなければならないことは，ノイズ発生源を調べるとき機器 A だけに絞らず，外部からのノイズ侵入も疑うことです．

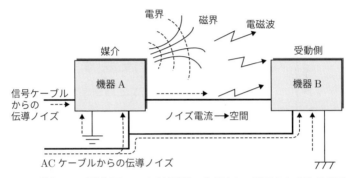

図 1.19　外部ノイズ発生源のノイズが機器 A を経由して機器 B に伝わる経路

　図 1.20 は，電子機器・装置を中心に見たとき，ノイズの伝わる経路の典型例を示した模式図です．外部ノイズが導体を伝わってくる経路としては，AC 電源ラインと信号ケーブルがあります．外部のノイズがこれらの導体上を伝わって電子機器内部に侵入し，電源ユニット経由のノイズ誘導や，DC ライン上のノイズ伝搬，さらに DC ライン上のノイズが内部回路に誘導することがあります．逆に，内部で発生したノイズがこれらの導体上を伝わり外部に出ることで，伝導妨害を与えたり，ケーブルがアンテナとなって空間ノイズを放射したりすることもあります．また，基板や内部配線から外部へ直接 EMI 放射（空間ノイズ）する場合や，外部からの空間ノイズが電子機器・装置の内部回路に直接妨害を与える場合も考えられます．これら以外にも，IC から発生する電源・グラウンドノイズ，近接信号間で妨害となるクロストーク（クロストークについては 5.2.6 を参照），そして信号伝送での波形歪など，EMC としての課題があります．

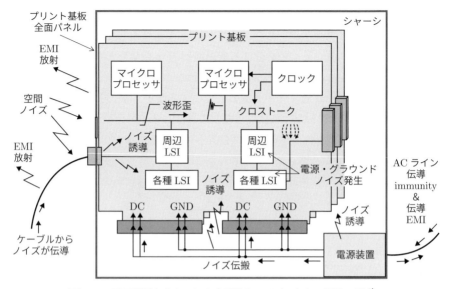

図 1.20　電子機器を中心とした典型的なノイズの伝わる経路の例 [1]

◉ 1.2.2　導体を伝わるノイズ

〔1〕共通インピーダンスによる誘導

　共通インピーダンス（common impedance）とは，回路間で共通となる部分がもつインピーダンスのことです．**共通インピーダンスによる誘導**（導電誘導とも呼ばれます）とは，回路間の共通インピーダンスによってノイズの誘導が発生する現象のことで，**図 1.21** に発生原理を示します．回路 A と回路 B のグラウンドに至るまでの導体部分に，お互いに共通となるインピーダンス Z_C が存在するとします．例えば，回路 A からグラウンドに向かう電流 i_A が Z_C に流れると，回路 B にとって妨害電圧（ノイズ）V_N が誘導されるのです．

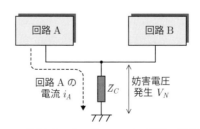

図 1.21　共通インピーダンスによる誘導の発生原理

この妨害電圧 V_N は，式 (1.4) により算出できます．

$$V_N = i_A Z_C \tag{1.4}$$

この妨害電圧 V_N を減らすためには，共通インピーダンス Z_C を小さくすることが必要です．グラウンド系統の共通インピーダンスを減らすこと，これが**グラウンド強化**で，導体におけるノイズ誘導を低減するうえの基本となります．

図 1.22 は導体部の接触不良による共通インピーダンス誘導を模式的に図示したものです．導体部の接触抵抗が上昇することで受動回路に妨害電圧が発生するメカニズムを示しています．

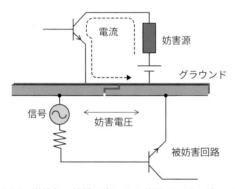

図 1.22　導体部の接触不良による共通インピーダンス誘導

また，**図 1.23** は，グラウンド導体の一部が電線のインダクタンス成分によって共通インピーダンスとなる場合を示したもので，受動回路に妨害電圧 V_N が発

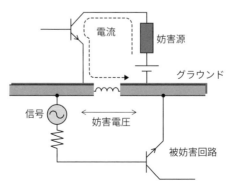

図 1.23　配線接続による共通インピーダンス誘導

生します．電線のインダクタンス成分が共通インピーダンスとなることに気付かない場合が多く，周波数成分が高いほど問題が顕在化します．

　回路の共通リターン部分を $\phi 2\,\mathrm{mm}$ の電線 20 cm 長で接続したとき，この電線部分のインダクタンス成分は約 $0.2\,\mu\mathrm{H}$ あります．妨害となる周波数が 300 MHz のときの電線のインピーダンスは式 (1.5) で計算されます．

$$|Z_C| = |j \cdot 2\pi f L| = 2\pi \times 300 \times 10^6 \cdot 0.2 \times 10^{-6} = 377 \ [\Omega] \tag{1.5}$$

　この電線の直流抵抗は $1.1\,\mathrm{m}\Omega$ と非常に低い値ですが，電線のインダクタンス成分によって共通インピーダンスは 377 Ω となり，低い値でなくなります．このとき，回路 A の電流 $i_A = 10\,\mathrm{mA}$ と比較的小さな電流でも，式 (1.6) で算出されるノイズ電圧 $|V_N|$ が発生します．

$$|V_N| = |i_A \cdot Z_C| = 10 \times 10^{-3} \cdot 380 = 3.8 \ [\mathrm{V}] \tag{1.6}$$

〔2〕ディファレンシャルモードとコモンモード

　信号やノイズが導体を伝わる形態（モード）には，ディファレンシャルモードとコモンモードがあります．**ディファレンシャルモード**（differential mode）は**ノーマルモード**（normal mode）や**差動モード**とも呼ばれ，信号線の＋側と－側の間に印加された信号やノイズの伝わり方です．一方，**コモンモード**（common mode）は，グラウンドを基準として信号線の＋側および－側に共通に印加された信号やノイズの伝わり方です．

ディファレンシャルモードノイズ

　信号をケーブル伝送するとき，通常ケーブル内の 1 対（2 本）の心線に信号線（＋側）および信号リターン線（－側）を接続します．このとき，**図 1.24** のように，等価的にノイズが信号源と直列に印加されている場合は，信号とノイズが単純に重ね合わされて**ディファレンシャルモードノイズ**（differential mode noise）としてケーブルを伝わります．このとき，信号受信側が差動入力回路であっても，入力される差動電圧 V_d には信号にノイズが重畳した形で現れます．この説明を数式を使って説明すると以下のようになります．

　差動入力側の基準グラウンドに対し，差動入力＋側に現れる電圧 V_+ は式 (1.7)，－側に現れる電圧 V_- は式 (1.8) で表されます．

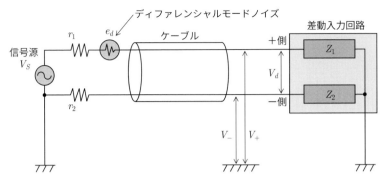

図 1.24　ケーブルによる信号伝送とディファレンシャルモードノイズ

$$V_+ = \frac{Z_1}{r_1 + Z_1}(V_S + e_d) \tag{1.7}$$

$$V_- = 0 \tag{1.8}$$

　したがって，入力される差動電圧 V_d は式 (1.9) となり，信号 V_S にディファレンシャルモードノイズ e_d が重畳した形でそのまま現れることがわかります．

$$V_d = V_+ - V_- = \frac{Z_1}{r_1 + Z_1}(V_S + e_d) \tag{1.9}$$

コモンモードノイズ

　信号源のグラウンドと受信側のグラウンドとの間にはノイズが存在することが多く，等価的に信号の + 側および − 側に共通に印加されるため**コモンモードノイズ**（common mode noise）と呼ばれます．**図 1.25** に示すように信号受信側が差動入力回路の場合，平衡をとることでコモンモードノイズを分離して信号電圧（ディファレンシャルモード電圧）V_S だけを取り出すことができます．数式を使って説明すると以下の通りとなります．

　差動入力側の基準グラウンドに対し，コモンモードノイズによって差動入力 + 側に現れる電圧 V_+ は式 (1.10)，− 側に現れる電圧 V_- は式 (1.11) で表されます．

$$V_+ = \frac{Z_1}{r_1 + Z_1}(V_S + e_c) \tag{1.10}$$

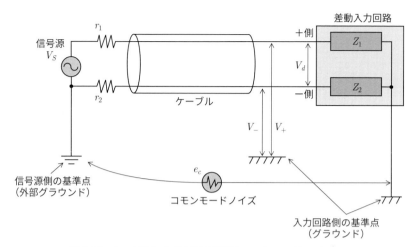

図 1.25　ケーブルによる信号の伝送とコモンモードノイズ

$$V_- = \frac{Z_2}{r_2 + Z_2} e_c \tag{1.11}$$

したがって，差動電圧 V_d は式 (1.12) で求まります．

$$V_d = V_+ - V_- = \frac{Z_1}{r_1 + Z_1} V_S + \left(\frac{Z_1}{r_1 + Z_1} - \frac{Z_2}{r_2 + Z_2} \right) e_c \tag{1.12}$$

ここで，**平衡条件**，$r_1 = r_2$ かつ $Z_1 = Z_2$ を適用すると，式 (1.12) の第 2 項が消えて，式 (1.13) のようにコモンモードノイズ e_c の影響がなくなります．

$$V_d = \frac{Z_1}{r_1 + Z_1} V_S \tag{1.13}$$

また，式 (1.12) の分母と分子をそれぞれ Z_1，Z_2 で割ると式 (1.14) のように変形できます．

$$V_d = \frac{1}{\dfrac{r_1}{Z_1} + 1} V_S + \left(\frac{1}{\dfrac{r_1}{Z_1} + 1} - \frac{1}{\dfrac{r_2}{Z_2} + 1} \right) e_c \tag{1.14}$$

ここで，$Z_1 \to \infty$，$Z_2 \to \infty$ とすると，$\dfrac{r_1}{Z_1} \to 0, \dfrac{r_2}{Z_2} \to 0$ となり，式 (1.14) 第 2 項 e_c の係数が消えて $V_d = V_S$ となります．すなわち，$r_1 = r_2$ かつ $Z_1 = Z_2$ が成り

立たなくても，コモンモードノイズ e_c の影響をなくすことができます．

　以上をまとめると，コモンモードノイズ e_c の除去に下記①，②が効果的です．

①　$r_1 = r_2$，$Z_1 = Z_2$ とする（平衡条件）．
②　平衡条件の満足有無に限らず，Z_1，Z_2 を非常に高くする．

　上記②の例として，差動入力回路にトランスやフォトカプラを用いる方法が該当します．トランスやフォトカプラは，グラウンドと絶縁されているため Z_1，Z_2 が非常に高く，コモンモード除去に大きな効果があります．

　図1.26 は，シングルエンド入力回路におけるコモンモードノイズの影響について図示したものです．ケーブル1対（2本）の心線に信号線（＋側）と信号リターン線（－側）が接続されますが，シングルエンド入力回路のため－側が強制的にグラウンドに接続されることになります．

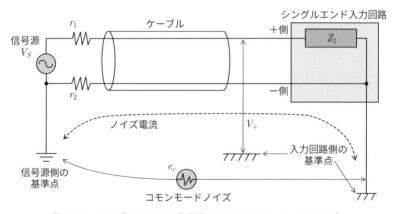

図1.26　シングルエンド入力回路におけるコモンモードノイズ

　そのため，図中の抵抗 r_2 が低いときには，信号源側と受信側のグラウンド間のコモンモードノイズがケーブル経由でショートされたことになり，図中の破線で示されるノイズ電流が流れます．その結果，機器にノイズ電流が侵入して誤動作を引き起こすことがあります．なお，図中の抵抗 r_2 が高いときは，破線で示されるノイズ電流は減少しますが，信号源側グラウンドにはコモンモードノイズ e_c が乗ってきます．したがって，入力回路への入力電圧 V_+ は式 (1.15) で表され，信号電圧 V_S にコモンモードノイズ e_c が重畳した形となります．

$$V_+ = \frac{Z_1}{r_1 + Z_1}(V_S + e_c) \tag{1.15}$$

これは，式 (1.7) の e_d を e_c に置き換えた式と同じになります．これが，昔からいわれている「コモンモードノイズがノーマルモード（ディファレンシャルモード）に化ける」現象です．

コモンモードノイズ除去比 CMRR

　コモンモードノイズを除去できる能力を示す指標として，**コモンモードノイズ除去比**（**CMRR**：Common Mode Rejection Ratio）が用いられます．CMRR はコモンモードノイズがディファレンシャルモードに変換される率です．式 (1.12) において，信号 $V_S = 0$ としてコモンモードノイズ e_c とディファレンシャルモード電圧 V_d との比をとると，式 (1.16) の通り $CMRR$ が求まります．

$$CMRR = \left| \frac{e_c}{V_d} \right| = \frac{1}{\left| \dfrac{Z_1}{r_1 + Z_1} - \dfrac{Z_2}{r_2 + Z_2} \right|} \tag{1.16}$$

　なお，$CMRR$ は，式 (1.17) で示すように，多くの場合デシベル〔dB〕で表されます．

$$CMRR = -20\log \left| \frac{Z_1}{r_1 + Z_1} - \frac{Z_2}{r_2 + Z_2} \right| \ \text{〔dB〕} \tag{1.17}$$

$r_1 \ll Z_1$，$r_2 \ll Z_2$，$r_1 = r_2 = r$ のときは，式 (1.18) のように変形できます．

$$CMRR = -20\log \left(r \left| \frac{1}{Z_2} - \frac{1}{Z_1} \right| \right) \ \text{〔dB〕} \tag{1.18}$$

　例えば，$CMRR$ が 40 dB の差動入力回路にコモンモードノイズが 2 V 加わったとき，コモンモード成分から変換されて差動信号に現れる電圧 V_d は次式のように計算できます．

$$V_d = \frac{e_c}{CMRR} = \frac{2}{10^{-2}} = 0.02 \ \text{〔V〕} \tag{1.19}$$

24

◎ 1.2.3　空間を伝わるノイズ

〔1〕空間を伝わる3つの形態

　ノイズが空間を伝わる形態として，電界，磁界そして電磁波の3つがあります．電界，磁界そして電磁波は，それぞれ性質および伝わり方が異なり，扱い方を誤るとノイズが大きく誘導したり，ノイズの放射を抑えられなかったりします．

　ここでは，電界，磁界そして電磁波の伝わり方を主に説明しましょう．なお，空間ノイズを低減するシールド（3章参照）は，この空間を伝わる形態と深く関係しています．

電界の伝わり方

　電界（electric field）とは，簡単にいうと，電圧がかかっている空間のことです．図1.27(a) に示すように平行した導体に電圧を加えると導体間には電界が発生します．この図において，電界の状態を仮想の線で描いた**電気力線**を示しています．図1.27(b) に示すように，この平行した導体の片端を広げていくと電気力線が外部方向にはみ出ていくようになります．図1.27(c) のようにさらに広げて導体が180°完全に開いた状態がダイポールで，電界が外部に出ていきやすくなりアンテナとしての能力が高まります．なお，導体の長さが波長に比べて十分短いダイポールアンテナは**微小ダイポール**（infinitesimal dipole）と呼ばれ，近傍では電界が支配的（電界成分が強い状態）です．**電圧性のノイズ源**（電流が小さく，電圧の高いノイズ源）も近傍では電界が支配的となり，理論的に解析するときは微小ダイポールを用います．

25

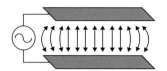

(a) 平行導体の電界（電気力線）

片方向へ広げていく

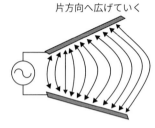

(b) 平行導体変形時の電界

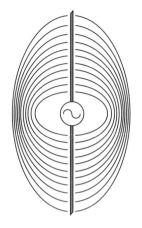

(c) 微小ダイポールからの電界

図 1.27　導体から発生する電界（電気力線）

　電界が受動側に伝わるということは，電界が受動側回路に結合してノイズが誘導することです．静電誘導あるいは電界誘導ともいわれ，等価回路で表すと，**図1.28** に示すように妨害源（ノイズ電圧 V_N）が受動側（回路抵抗 R）にコンデンサ（キャパシタンス）結合した回路で表すことができます．このとき，受動側に誘導する電圧 $|V_R|$ は式 (1.20) で表されます．

$$|V_R| = \frac{|RV_N|}{\left|\dfrac{1}{j\omega C} + R\right|} = \frac{|V_N|}{\left|1 - j\dfrac{1}{\omega CR}\right|} = \frac{|V_N|}{\sqrt{1 + \left(\dfrac{1}{2\pi f CR}\right)^2}} \tag{1.20}$$

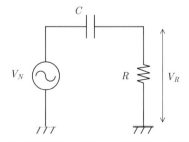

図 1.28　妨害源から電界により誘導した等価回路

式 (1.20) において，誘導電圧 $|V_R|$ が高くなるのは，分母が小さいとき，すなわち妨害源に近く（C が大），回路抵抗 R が高く，また周波数 f が高いときです．

アナログ回路など高インピーダンス回路がノイズの影響を受けやすい原因は，式 (1.20) において，R が高いために分母が 1 に近づき，$|V_N|$ がそのまま $|V_R|$ に現れるためです．

なお，**図 1.29** に示す等価回路のように，コンデンサ C_g をグラウンド間に挿入すると，誘導電圧の大きさ $|V_{RC}|$ は式 (1.21) のようになります．

$$|V_{RC}| = \frac{\left| \dfrac{R}{1 + j\omega C_g R} V_N \right|}{\left| \dfrac{1}{j\omega C} + \dfrac{R}{1 + j\omega C_g R} \right|} = \frac{|V_N|}{\sqrt{\left(1 + \dfrac{C_g}{C}\right)^2 + \left(\dfrac{1}{2\pi f C R}\right)^2}} \tag{1.21}$$

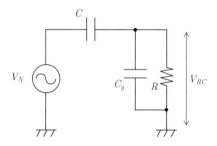

図 1.29　回路抵抗に並列容量がある場合の等価回路

式 (1.21) の分母の $1 + \dfrac{C_g}{C}$ と，式 (1.20) の分母の 1 を比較すると，式 (1.22) が常に成立します．

$$1 + \frac{C_g}{C} > 1 \tag{1.22}$$

したがって，$|V_{RC}| \leq |V_R|$ が常に成り立ち，C_g をグラウンド間に挿入したほうが $|V_N|$ の影響を減らせることがわかります．

このコンデンサ C_g の挿入が，ノイズ対策でときどき見られる「信号へのコンデンサ挿入対策」です．ただし，コンデンサ挿入は，電界のノイズ（電圧性のノイズ）に対して効果があっても磁界のノイズに対しては逆効果になることがあります．また，信号への安易なコンデンサ挿入は，応答特性悪化や信号歪発生，ス

イッチング素子への充放電電流増大など各種副作用に結び付くことがあります．そのため，高速ディジタル回路では，信号へのコンデンサ挿入は薦められません．

なお，式 (1.21) において，回路抵抗 R が非常に高い（$R \to \infty$）場合，$\dfrac{1}{2\pi fCR}$ が 0 に近づいて，式 (1.23) となります．

$$|V_{RC}| \approx \frac{C}{C + C_g}|V_N| \tag{1.23}$$

すなわち $|V_{RC}|$ は周波数 f に無関係になって，ノイズ電圧 $|V_N|$ が C と C_g で分割された電圧が現れることになります．

磁界の伝わり方

磁界（magnetic field）とは，簡単にいうと，磁気が働く空間のことです．**図 1.30** は，導体に電流が流れたときの磁界の状態を，仮想の線の磁力線で示したものです．磁力線の向きは導体の周囲に同心円の形となります．導体に近いほど磁界が強く，離れるにしたがって弱くなっていきます．実際には，電流が流れる導体の各部から磁界が発生しており，ループ状の導体では**図 1.31** のようにループ中心から広がる形で磁力線が出ていきます．なお，導体の長さが信号源の波長に比べて十分短いループ状アンテナは**微小ループ**（infinitesimal loop）と呼ばれ，近傍では磁界が支配的（磁界成分が強い状態）です．**電流性のノイズ源**（電圧が小さく，電流の大きなノイズ源）も近傍では磁界が支配的となり，理論的に解析するときには微小ループを用います．

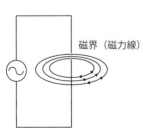

図 1.30 導体から発生する磁界（磁力線）

図 1.31 微小ループからの磁界

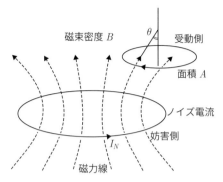

図 1.32　電磁誘導による受動側ループへの結合

　磁界が受動側回路に伝わるということは，電磁誘導によりノイズが受動側回路に誘導することです．**図 1.32** はある瞬間のループを流れるノイズ電流と磁力線の向きを示します．ノイズ電流 I_N がループに流れて磁界が発生し，磁力線が受動側の閉ループを貫通（鎖交）することで，受動側にノイズ電圧 V_M が発生します．V_M は，式 (1.24) に示すように，磁束の時間的変化すなわち閉ループを貫通する磁力線数の変化によって発生します．

$$V_M = -\frac{d\phi}{dt} = -j\omega BA\cos\theta \tag{1.24}$$

式 (1.24) は，式 (1.25) のように表すことができます．

$$V_M = -M\frac{dI_N}{dt} = -j\omega MI_N \tag{1.25}$$

ここに，M：ループ間の相互インダクタンス

　このときの等価回路を**図 1.33** のトランスのように描くことができます．受動側（2 次側）に電圧 $V_M = -j\omega MI_N$ が誘起し，電流 I_R が流れて回路抵抗 R 両端に妨害電圧 V_R が発生します．I_R のループ解析で式 (1.26) が成り立ちます．

$$(j\omega L + R)I_R - j\omega MI_N = 0 \tag{1.26}$$

電流 $|I_R|$ について解くと，式 (1.27) が導出されます．

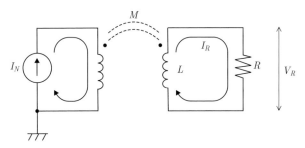

図 1.33　妨害源からの磁界で誘導した等価回路

$$|I_R| = \frac{|j\omega M I_N|}{|R + j\omega L|} = \frac{1}{\sqrt{1 + \left(\dfrac{R}{2\pi f L}\right)^2}} \frac{M}{L} |I_N| \tag{1.27}$$

　式 (1.27) において，妨害源に近い（相互インダクタンス M が大きい）ほど誘導による電流 $|I_R|$ が大きくなることがわかります．また，回路抵抗 R が低く，周波数が高くなるにつれて式 (1.25) の分母が小さくなっていき，最終的には分母が 1 に近づいて $|I_R|$ はそれ以上増加しなくなります．この飽和したときの電流 $|I_R|$ は式 (1.28) で表されます．

$$|I_R| = \frac{M}{L} |I_N| \tag{1.28}$$

　また，回路抵抗 R の両端の電圧 V_R は式 (1.29) となります．

$$\begin{aligned} |V_R| &= |R I_R| \\ &= \frac{|j\omega M R I_N|}{|R + j\omega L|} = \frac{2\pi f M}{\sqrt{1 + \left(\dfrac{2\pi f L}{R}\right)^2}} |I_N| \end{aligned} \tag{1.29}$$

　回路抵抗 $R \gg 2\pi f L$ のときは，式 (1.27) の分母が 1 に近づき，R の両端の電圧 $|V_R|$ は式 (1.30) となります．

$$|V_R| \approx 2\pi f M |I_N| \tag{1.30}$$

　電磁誘導によるノイズ電圧を減らすには，まず妨害源を離すことです．離すことで M が減少し，誘導電圧 $|V_R|$ を減らすことができます．電磁誘導では，回路

抵抗 R を低くすると誘導による電圧 $|V_R|$ は減少しますが，受動側のノイズ電流 $|I_R|$ が増加するので，グラウンド強化をするなどの対策が必要となります．

電磁波の伝わり方

　電磁波（electromagnetic waves）とは，図 1.34 に示すように磁界と電界の相互作用によって連鎖的に形成され，空間を進んでいく波です．すなわち，発生する磁界が変化することで電界が発生し，その電界が変化することで磁界が発生，さらにこれらが繰り返されることで連鎖的に伝わっていくのが電磁波なのです．磁界と電界の相互作用があることが電磁波のポイントで，それぞれが単独に存在しても電磁波ではありません．図 1.35 は電磁気学の教科書によく描かれている電磁波伝搬の模式図で，磁界と電界がお互いに直交して進行方向に伝わっていく様子がわかります．電磁波の最大の特徴は，電界や磁界に比べて発生源からの距離が離れたときの減衰が少なく，遠方に届くことです．無線通信や放送に電磁波が使われているのは，この特徴によるものです．

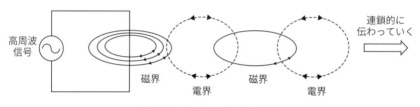

図 1.34　電磁波発生の模式図

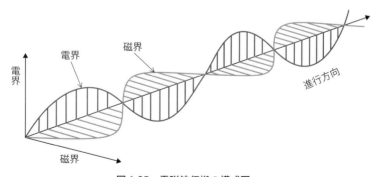

図 1.35　電磁波伝搬の模式図

〔2〕波動インピーダンス

　空間を伝わる性質は，式 (1.31) で定義される**波動インピーダンス**（wave

impedance）Z_ω によって決まります.

$$Z_\omega = \frac{E}{H} \tag{1.31}$$

ここに，E：電界，H：磁界

この式において，電界が磁界に比べ強ければ強いほど波動インピーダンス Z_ω は高くなり（高インピーダンス），逆に磁界が電界に比べ強ければ強いほど Z_ω は低くなる（低インピーダンス）性質が示されます.

微小ダイポールによる波動インピーダンス

まず，電圧性のノイズ源（理論的な検討として**微小ダイポール**を用います）による波動インピーダンスを求めます.図 **1.36** は，微小ダイポールから発生する電界 E および磁界 H を極座標で示したもので，各成分を数式で表すと式（1.32），（1.33），（1.34）になります.

$$E_r = j \cdot \frac{120\pi I \ell \cos\theta}{\lambda} \cdot \left(\frac{1}{(jk)^2 r^3} + \frac{1}{jkr^2} \right) e^{-jkr} \tag{1.32}$$

$$E_\theta = j \cdot \frac{60\pi I \ell \sin\theta}{\lambda} \cdot \left(\frac{1}{(jk)^2 r^3} + \frac{1}{jkr^2} + \frac{1}{r} \right) e^{-jkr} \tag{1.33}$$

$$H_\phi = j \cdot \frac{I \ell \sin\theta}{2\lambda} \cdot \left(\frac{1}{r^2} + \frac{1}{jkr} \right) e^{-jkr} \tag{1.34}$$

ここに，r：物理的な距離，ℓ：エレメントの長さ，$k = \dfrac{2\pi}{\lambda}$：波数

なお，上記以外は $E_\phi = 0$，$H_r = 0$，$H_\theta = 0$ です.

$\theta = 90°$ 方向の波動インピーダンスの大きさ $|Z_\omega|$ は，式（1.33），（1.34）を式（1.31）に代入して計算することで，式（1.35）になります.

$$|Z_\omega| = \frac{|E_\theta|}{|H_\phi|} = 120\pi \frac{\left| \dfrac{1}{r} + \dfrac{1}{jkr^2} + \dfrac{1}{(jk)^2 r^3} \right|}{\left| \dfrac{1}{r} + \dfrac{1}{jkr^2} \right|} \tag{1.35}$$

式（1.35）を Excel で計算し，距離と波動インピーダンス $|Z_\omega|$ の関係をグラフ化した結果を図 **1.37** に示します.ただしグラフ中の距離は絶対的な距離で

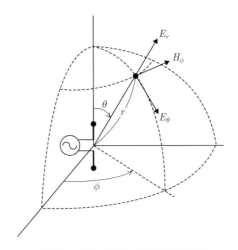

図 1.36　微小ダイポールの極座標表示

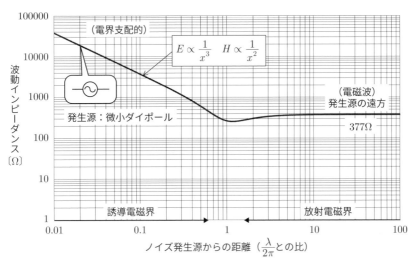

図 1.37　発生源が微小ダイポールのときの距離と波動インピーダンスの関係

はなく，$\dfrac{\lambda}{2\pi}$ を１として正規化した距離（すなわち $\dfrac{\lambda}{2\pi}$ との比）です．ノイズ発生源からの距離が，$\dfrac{\lambda}{2\pi}$ 付近を境にして，それより発生源に近い範囲を**誘導電磁界**（induction field）または**近傍界**（near field），それより発生源から遠い範囲を**放射電磁界**（radiation field）または**遠方界**（far field）と呼びます．ノ

33

イズの発生源との距離は，周波数が低い場合，例えば1MHzの中波帯（波長$\lambda = 300$ m）では$\frac{\lambda}{2\pi} = 47.7$ mとなり，47.7 mより近い場合は物理的な距離は遠くても近傍界（誘導電磁界）です．一方，周波数が高い場合，例えば1GHz（波長$\lambda = 30$ cm）では$\frac{\lambda}{2\pi} = 4.77$ cmとなり，4.77 cmより遠い場合は物理的な距離は近くても遠方界（放射電磁界）となります．

　図1.37において，発生源の微小ダイポール近傍では電界が支配的で波動インピーダンス$|Z_\omega|$が高く，距離が離れるに従い$|Z_\omega|$が低くなっていきます．そして，距離1（$= \frac{\lambda}{2\pi}$）付近になると電磁波の波動インピーダンス$|Z_\omega| = 120\pi = 377\,\Omega$に近づき，さらに離れると電磁波のみとなって$|Z_\omega| = 377\,\Omega$となります．

微小ループによる波動インピーダンス

　電流性のノイズ源（理論的な検討では**微小ループ**を用います）による波動インピーダンスも微小ダイポールと同様に計算されます．ここでは数式を割愛し，微小ループによる波動インピーダンスの結果のグラフを**図1.38**に示します．発生源近傍では磁界が支配的で波動インピーダンス$|Z_\omega|$が低く，距離が離れるに従い$|Z_\omega|$が上昇していきます．そして，距離1（$= \frac{\lambda}{2\pi}$）付近になると電磁波の波

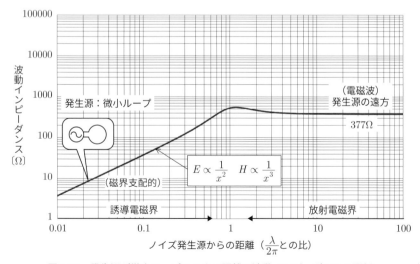

図1.38　発生源が微小ループのときの距離と波動インピーダンスの関係

動インピーダンス $|Z_\omega| = 120\pi = 377\,\Omega$ に近づき，さらに離れると電磁波のみとなって $|Z_\omega| = 377\,\Omega$ となります．

微小ダイポールと微小ループの同時表示

図 1.39 は，発生源に対する波動インピーダンス特性を微小ダイポールおよび微小ループの両方を同時に示したものです．破線は発生源が発生源が微小ダイポール，実線は微小ループの曲線です．

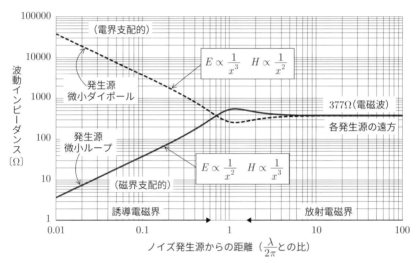

図 1.39 発生源からの距離と波動インピーダンスの関係
（発生源が微小ループと微小ダイポールのときを同時表示）

1.3 導体を伝わるノイズの実験と分析

〔実験の目的〕

コモンモードとディファレンシャルモードの概念を，実験によって直接触れることで理解を深めることできます．モードの違いとはどういうものか，なぜノイズが除去できるのかを実感してみましょう．

コモンモードと
ディファレンシャル
モードの実験で
実感できるといいな

- 信号とコモンモードノイズが電線を伝わってくるとき，差動入力で適切に受けることでコモンモードノイズが低減可能なことを実験により確認します．
- 差動入力側の入力インピーダンスでコモンモードノイズ低減特性がどのように変わるか，大きく低減させるための条件は何か，実験により確認します．
- コモンモードノイズに対し，差動入力とシングルエンド入力による動作の違いを実験で理解します．

〔セットアップ〕

　図1.40 に実験のセットアップ模式図を示します．差動信号源として電池駆動の 2 MHz 発信器を用意し，ホット側（A）およびコールド側（B）にそれぞれ抵抗 200 Ω を接続してツイストペアケーブルの送信端に接続します．コモンモードノイズ源としてはファンクションジェネレータによる 125 kHz 正弦波を用意し，差動信号源のコールド側（B）を駆動するようにします．なお，差動信号源およびコモンモードノイズ源の実測波形を図1.41 に示します．

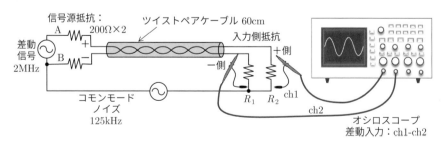

図 1.40　実験のセットアップ模式図

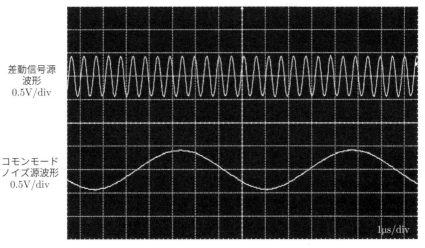

差動信号源
波形
0.5V/div

コモンモード
ノイズ源波形
0.5V/div

1μs/div

図1.41　差動信号源とコモンモードノイズ源の波形

　ツイストペアケーブルの受信端には，差動入力回路としてオシロスコープの
入力2チャンネル（ch1，ch2）を使い，ch1（＋側）にはケーブルのホット側，
ch2（−側）にはケーブルのコールド側を接続します．また，入力＋側（ch1）
には抵抗器 R_1，入力−側（ch2）には抵抗器 R_2 をそれぞれグラウンド間に挿入
します．なお，差動電圧（ch1–ch2）の波形は，オシロスコープの演算機能を
使って表示させます．

〔測定の結果〕

① 入力側抵抗 $R_1 = 100$ kΩ，$R_2 = 100$ kΩ のとき

　これは，入力側に抵抗値の高い抵抗 R_1，R_2 をバランスさせた条件で挿入した
ときの測定です．**図1.42** にオシロスコープの実測波形を示します．ch1 には信
号とコモンモードノイズが合成された波形が現れ，ch2 にはコモンモードノイズ
の波形が現れています．そして，一番下は差動電圧（ch1–ch2）の波形です．差
動電圧（ch1–ch2）波形ではコモンモードノイズが除去され，信号源波形が抽出
されているのが観測されます．

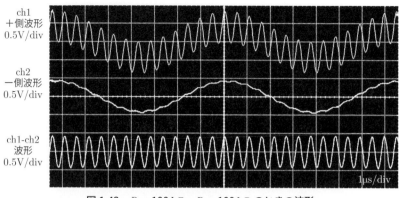

図 1.42 $R_1 = 100\,\mathrm{k\Omega}$，$R_2 = 100\,\mathrm{k\Omega}$ のときの波形

② 入力側抵抗 $R_1 = 200\,\Omega$，$R_2 = 200\,\Omega$ のとき

これは入力側に抵抗値の低い抵抗 R_1，R_2 をバランスさせた条件で挿入したときの測定です．図 1.43 にオシロスコープの実測波形を示します．上記①と比べ，入力側抵抗による減衰があるため振幅は異なりますが，ch1，ch2，そして差動電圧（ch1−ch2）の波形とも類似しています．差動電圧（ch1−ch2）波形においてコモンモードノイズが除去され，信号源波形が抽出されているのが確認で

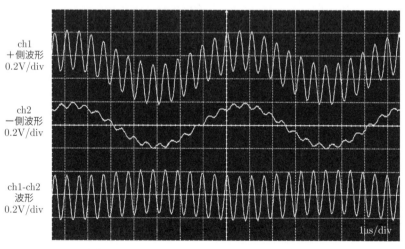

図 1.43 $R_1 = 200\,\Omega$，$R_2 = 200\,\Omega$ のときの波形

きます．ただし，図1.42 と厳密に比較すると，電位差（ch1− ch2）波形にわずかに 125 kHz のコモンモードノイズ成分が残っていることが観測されます．

③　入力側抵抗 $R_1 = 510\ \Omega$，$R_2 = 100\ \Omega$ のとき

これは入力側に抵抗値の比較的低い抵抗 R_1，R_2 をバランスを崩した条件（R_1 抵抗値：R_2 抵抗値 ＝ 約 5:1）で挿入したときの測定です．**図 1.44** にオシロスコープの実測波形を示します．バランスを崩したことで，差動電圧（ch1− ch2）にコモンモードノイズが低減できずに残っていることが観測されます．

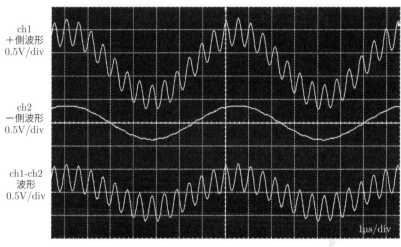

ch1
＋側波形
0.5V/div

ch2
−側波形
0.5V/div

ch1-ch2
波形
0.5V/div

1μs/div

図 1.44　$R_1 = 510\ \Omega$，$R_2 = 100\ \Omega$ のときの波形

④　入力側抵抗 $R_1 = 510\ \mathrm{k}\Omega$，$R_2 = 100\ \mathrm{k}\Omega$ のとき

これは入力側の抵抗値 R_1，R_2 が高い場合にバランスを崩した条件で（抵抗値 $R_1 : R_2 =$ 約 5:1）挿入したときの測定です．**図 1.45** にオシロスコープの実測波形を示します．R_1 抵抗値と R_2 抵抗値のアンバランスの比は上記③と同じですが，差動電圧（ch1− ch2）波形でコモンモードノイズが除去され，信号源波形が取り出されているのが観測されます．

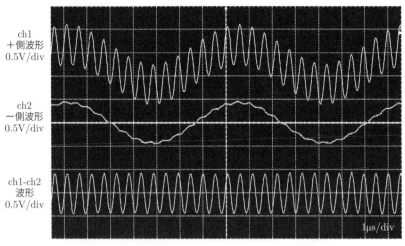

図 1.45　$R_1 = 510 \text{ k}\Omega$, $R_2 = 100 \text{ k}\Omega$ のときの波形

⑤　$R_1 = 100 \text{ k}\Omega$, $R_2 = 0 \, \Omega$（− 側をグラウンド）のとき

　これは入力 − 側をグラウンド接続していますので，シングルエンド入力の動作になります．**図 1.46** にオシロスコープの実測波形を示します．ch1 には信号とコモンモードノイズが合成された波形が現れ，ch2 はグラウンド接続のため常に 0 V（横軸スケールと完全に重なった状態），そして差動電圧（ch1−ch2）に

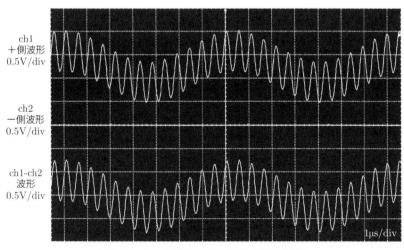

図 1.46　$R_1 = 100 \text{ k}\Omega$, $R_2 = 0 \, \Omega$ のときの波形

は ch1 の波形がそのまま現れ，コモンモードノイズが低減されていないことが観測されます．

〔分析と解説〕

● 測定結果①と②（図 1.42，図 1.43）では，信号源抵抗 200 Ω および入力側抵抗 R_1 と R_2 の値がバランスした状態なので，ch1 と ch2 の両方に存在するコモンモードノイズが相殺されて除去され，信号のみが取り出されます．これは，コモンモードノイズ除去の第 1 の条件「$r_1 = r_2 = 200\,\Omega$，$R_1 = R_2$」（本章 1.2.2 〔2〕参照）が成立し，差動電圧 V_d を求める式 (1.36) の e_c の係数が小さくなるためです．

$$V_d = \frac{R_1}{200 + R_1} V_S + \left(\frac{R_1}{200 + R_1} - \frac{R_2}{200 + R_2} \right) e_c \qquad (1.36)$$

● 測定結果①と②を厳密に比較すると，測定結果②（図 1.43）の差動電圧（ch1−ch2）波形には，わずかにコモンモード成分が残っていることが確認できます．この原因は，入力側抵抗器（$R_1 = 200\,\Omega$，$R_2 = 200\,\Omega$）の抵抗値誤差により平衡条件がわずかにずれ，式 (1.34) の e_c の係数がわずかに残ったためと考えられます．

一方，測定結果①（図 1.42）では差動電圧（ch1−ch2）にコモンモード成分が見られません．この理由は，入力側抵抗器（$R_1 = 100\,\mathrm{k\Omega}$，$R_2 = 100\,\mathrm{k\Omega}$）が高い抵抗値なので，コモンモードノイズ除去の第 2 の条件「R_1，R_2 を非常に大きな値とする」（本章 1.2.2 〔2〕参照）も同時に成り立つためです．

● 測定結果③と④（図 1.44，図 1.45）を比較すると，両方ともコモンモードノイズ除去の第 1 の条件「$r_1 = r_2$，$R_1 = R_2$」を満足していませんが，差動電圧（ch1−ch2）に残るコモンモード成分が大きく異なっています．この理由は，上記の式 (1.36) の分母分子を R_1，R_2 で除した式 (1.37) おいて，$\dfrac{200}{R_1}$ と $\dfrac{200}{R_2}$ の値が非常に小さいか否かによって e_c の係数が左右されたためです．

$$V_d = \frac{1}{\dfrac{200}{R_1} + 1} V_S + \left(\frac{1}{\dfrac{200}{R_1} + 1} - \frac{1}{\dfrac{200}{R_2} + 1} \right) e_c \qquad (1.37)$$

測定結果③（図 1.44）では，入力側抵抗値が低い（$R_1 = 510\,\Omega$，$R_2 = 100\,\Omega$）ため e_c の係数がゼロに近づかず，コモンモード成分が残りま

す．一方，測定結果④（図 1.45）では入力側抵抗値が高い（$R_1 = 510\ \mathrm{k\Omega}$，$R_2 = 100\ \mathrm{k\Omega}$）ため e_c の係数がゼロに近づき，コモンモード成分が現れないのです．

- 波形をよく観察すると，測定結果②（図 1.43）の ch2 の波形に，コモンモードノイズに 2 MHz の信号成分がわずかに重畳しているのが見られます．この理由は，信号源とオシロスコープ側入力間のツイストペアケーブル内での結合によるものと考えられ，信号のホット側（＋側）の 2 MHz 信号がコールド側（－側）に誘導して ch2 の波形に現れるためと考えられます．

2 章

グラウンド

グラウンドの設計・対策の目的は，信号を確実に伝えるとともに，導体を伝わるノイズに対して適切な対応をとることです．

本章では，グラウンドの基本的考え方を理解したうえで，実際に設計や対策を行う基板，電子機器・装置，そしてシステムに対応したグラウンドの技術について述べます．

2.1 グラウンドの基本

2.1.1 アースとグラウンド

アースと**グラウンド**は，一般用語ではほぼ同一の意味で用いられていますが，電子機器・装置やシステムの設計，施工，そして取り扱ううえでは，**図 2.1** のように便宜的に分けて使われることが多いです．すなわち，アースとは，地中に埋設した導体により大地と電位を合わせた「**大地接地**」を意味し，グラウンドとは，大地電位と必ずしも一致しているとは限らない「**電気的基準点**」の意味で用います．

図 2.1 グラウンドとアースの使い分け

アースは，第一義的には人体の安全を目的としたものです．**図 2.2** は，アースによる人体の感電防止のしくみを模式図で示したものです．AC 電源ラインから

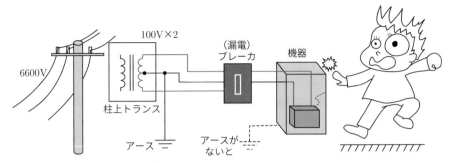

図 2.2　アースによる人体の感電防止

機器のシャーシに AC 電源がリークしているのを想定したとき，アースされていない状態で人体が機器を触れると感電してしまいます．このときアースされていれば，人体の抵抗に比べてアースの抵抗のほうが小さいので，アース側にリーク電流が流れて人体が保護されます．また，漏電ブレーカが設置されている場合は，AC 電源が機器のシャーシにリークした段階でブレーカがトリップして AC 電源リークが知らされ，さらに安全性が高まります．

　表 2.1 は，電気設備に関する技術基準を定める省令の内容を示したもので，保安の観点から A 種**接地工事**から D 種接地工事まで定められています．A 種接地工事は，高圧系設備に用いられる**アース**で，10 Ω 以下の低い**接地抵抗**と太い電線の規定され，大掛かりな接地工事になります．B 種設置工事は，万一高圧系が低圧系電路に流れ込んだとき，低圧系に接続される電気設備を保護する目的で用いられます．C 種接地工事は，工場設備など 300 V を超える電力設備に対する接地工事で，低い接地抵抗が規定されています．そして D 種接地工事は，家庭内

表 2.1　電気設備に関する技術基準を定める省令の内容

A 種接地工事	接地抵抗 10 Ω 以下で，所定の金属線または直径 2.6 mm 以上の軟銅線を使用． 高圧や特別高圧など，特に高い電圧で使用している電気機器に対して行う接地工事
B 種接地工事	高圧側電路の地絡電流のアンペア数で 150 を除した Ω 値以下の接地抵抗で，所定の金属線または直径 4 mm 以上の軟銅線を使用． 高圧側電路と低圧側電路が万一接触したとき，低圧側の電圧を上昇させないようにするための接地工事
C 種接地工事	接地抵抗 10 Ω 以下で，所定の金属線または直径 1.6 mm 以上の軟銅線を使用． 300 V を超える低圧の電路に接続される機器の金属に対する接地工事
D 種接地工事	接地抵抗 100 Ω 以下で，所定の金属線または直径 1.6 mm 以上の軟銅線を使用． 住宅や業務施設の照明，家電機器，コンセントなどに対する接地工事

を含む 100/200 V 系機器・装置に対する接地抵抗 100 Ω 以下のアースで，アース棒などの簡単な接地工事で対応できます．

　アースは第二義的には，ノイズ誘導防止の目的があります．すなわち，ノイズが機器・装置に誘導されないように電位を大地に固定しておくという考え方です．この誘導防止の目的は，1970 年代まではよく耳にしましたが，現在はあまりいわれなくなりました．この理由は，低周波のノイズが機器・装置に誘導されたとしても，図 2.3 のエレベータ内の人間と同様，大地電位差変化の影響を受けないためです．例えば，最近のノートパソコンをはじめ各種電子機器でアース接続をしなかったためにノイズ誘導の問題が発生したことは聞いたことがありません．また，電子機器・装置をアース線で大地電位に固定しても，固定されるのは直流電位と低い周波数成分だけで，高い周波数のノイズに対してはアース線のインピーダンスが高くなるため接続していないことと等価になります．現在の電子機器・装置は以前に比べ高速動作をしていますので，問題となるのは高い周波数成分のノイズが主体となります．アース線経由でアース（大地接地）をしてもノイズ誘導防止の目的としての効果はないと考えるほうが当たっています．

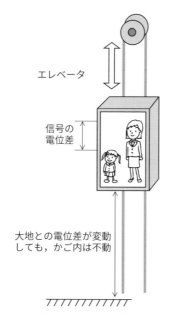

図 2.3　大地電位差の変化はエレベータ昇降と類似

　グラウンドは電気的基準点で，電子機器・装置では**図2.4**のように複数の基準点があります．金属シャーシを**フレームグラウンド**（frame ground：**FG**），電子回路の信号基準点を**シグナルグラウンド**（signal ground：**SG**），そしてACラインフィルタのコンデンサ中点を **AC グラウンド**（AC filter ground：**ACG**）と名付けられています．また，**信号リターン**も，シグナルグラウンドを使ってリターン電流を流すことが多いため，しばしばグラウンドと呼ばれます．なお，AC グラウンドは，1970 年代までは他のグラウンドと分けて用いられることもありましたが，現在では AC ラインフィルタ部分でフレームグラウンドと一体化させることが主流となり，AC グラウンドという名称も使われなくなりました．

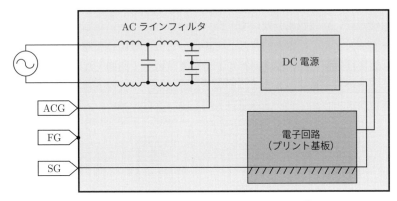

図 2.4　電子機器・装置におけるグラウンドの種類

🔲 2.1.2　1 点グラウンドと多点グラウンド

　グラウンドは，回路間の誘導をなくすために共通インピーダンスをもたないようにすること，そして各回路の基準電位を低周波～高周波で安定に保つことが設計の基本です．このグラウンドの基本を実現するためのグラウンドの接続方式として，**図2.5**に示す**1 点グラウンド**と，**図2.6**に示す**多点グラウンド**があります．

　1 点グラウンドは，昔からオーディオ回路や一般的な電子回路で広く用いられてきた方式です．各回路のグラウンドをお互いに共通インピーダンスをもたないように，各回路別々のグラウンド電線で大本のグラウンド極に接続するものです．**共通インピーダンスをなくす**観点から一見理想的なグラウンド方式に見え，1970 年代まではよく用いられていました．しかし，回路の周波数が数十 kHz 以

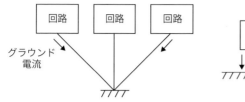

図 2.5　1 点グラウンドの基本

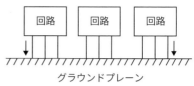

図 2.6　多点グラウンドの基本

下の正弦波を扱う低周波域では問題は少ないのですが，周波数が高くなるにつれ，ノイズの誘導が顕在化してさまざまな問題を引き起こします．

　この主な原因は，**図 2.7** に示すように，1 点グラウンドではグラウンドまでの電線を短くすることが難しく，電線による大きな**ストレーインダクタンス**（stray inductance：寄生インダクタンス）が存在するためです．インダクタンスは周波数が高くなるほどインピーダンスが上昇します．電線を流れるグラウンド電流によってノイズ電圧が回路のグラウンドに発生し，そのノイズ電圧が**ストレーキャパシタンス**（stray capacitance：寄生容量）などで他の回路に誘導するのです．例えば，広く用いられている φ2 mm グラウンド線を使った場合，長さ 30 cm で約 0.3 μH のインダクタンスをもちます（本章 2.1.3 参照）．そして，300 MHz におけるインピーダンスの大きさ $|Z_L|$ を計算すると，式 (2.1) となります．

$$|Z_L| = |j2\pi fL| = 2\pi \cdot 300 \times 10^6 \cdot 0.3 \times 10^{-6} = 565 \ [\Omega] \qquad (2.1)$$

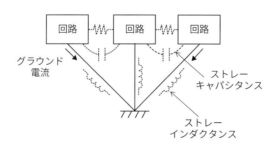

図 2.7　1 点グラウンドの問題点

　565 Ω のインピーダンスはグラウンドとしてとても弱く，わずか 0.01 A の電流が流れただけで，$565 \times 0.01 = 5.65$ V のノイズが回路の基準電位部分に発生してしまうのです．

　多点グラウンドは，マイクロ波回路が実用化され始めた時代から使用されてきたグラウンドの方式です．各回路をグラウンド接続する際，広いグラウンドプレーンにできるだけ短い距離でベタベタと多点接続します．グラウンド接続を線ではなく広い面とすることで高い周波数でも低インピーダンス化を実現し，回路の基準電位を安定化させるのです．現在の電子機器・装置では高速信号を扱いますので，多点グラウンドを原則とした設計が基本となります．

2.1.3　グラウンドのインピーダンス

　導体のインピーダンスは，式 (2.2) のように抵抗分とリアクタンス分（虚数部）を加えた形で表されます．

$$Z = R + j2\pi fL \tag{2.2}$$

抵抗分について

　図 2.8 は，導体幅 w，厚み t，長さ l の各部寸法を定義したものです．このとき，直流抵抗 R_{DC} は，抵抗率を ρ とすると式 (2.3) で計算されます．なお，銅箔では抵抗率 $\rho = 1.72 \times 10^{-8}\,\Omega\cdot\mathrm{m}$ です．

$$R_{DC} = \rho \cdot \frac{l}{wt} \tag{2.3}$$

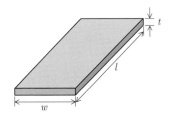

図 2.8　導体の寸法定義

　式 (2.3) により，長さ 10 cm のパターンで導体幅を変えたときの直流抵抗特性を計算し，グラフ化したのが**図 2.9** です．例えば，パターン銅箔 35 μm 厚，導体幅 1 mm のときの直流抵抗は，グラフから読み取ると $R_{DC} = 50\,\mathrm{m}\Omega$ で，比較的小さな値です．

　ここで，周波数が高くなったときの抵抗について考えます．導体には，周波数

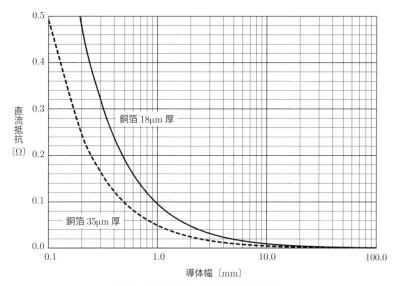

図 2.9　銅導体幅による直流抵抗特性

が高くなればなるほど導体表面に近い部分だけに電流が流れ，導体内部には電流が流れなくなる性質があります．これを**表皮効果**と呼び，電流の流れる深さを**表皮の深さ**といいます．表皮の深さ δ は，周波数 f〔Hz〕，導体の比透磁率 μ_r，真空中の透磁率 $\mu_0 = 4\pi \times 10^{-7}$〔H/m〕，導電率 $\sigma = \dfrac{1}{\rho}$〔1/Ω·m〕とすると，式(2.4) で計算できます．

$$\delta = \frac{1}{\sqrt{\pi f \mu_r \mu_0 \sigma}} \quad \text{〔m〕} \tag{2.4}$$

式 (2.4) により表皮の深さの周波数特性を銅について計算し，グラフ化したものを**図 2.10** に示します．周波数が高くなるほど表皮の深さが浅くなり，1 MHzで 66 μm であったものが，10 MHz で 21 μm，1 GHz になると 2.1 μm と極表面だけに電流が流れるようになります．

ここで，表皮深さ $\delta \ll t$ とすると，表皮効果に伴う交流抵抗 R_{AC} は式 (2.5) で計算できます．

$$R_{\mathrm{AC}} \approx \frac{\rho \cdot l}{2\delta(w + t)} \tag{2.5}$$

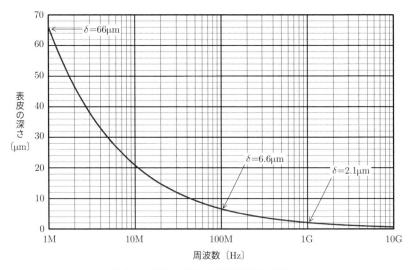

図 2.10　表皮の深さの周波数特性（銅）

銅箔の抵抗率 $\rho = 1.72 \times 10^{-8}$，長さ 10 cm として式 (2.4) を計算し，交流抵抗の周波数特性をグラフ化したものを**図 2.11** に示します．例えば，導体幅 $w = 1.0$ mm の 1 GHz における交流抵抗 R_{AC} は 400 mΩ となり，同じ導体の直流

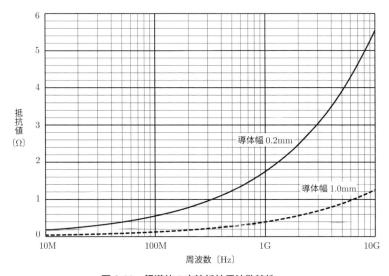

図 2.11　銅導体の交流抵抗周波数特性

抵抗 $R_{DC} = 50\,\mathrm{m\Omega}$ に比べてかなり高い抵抗値となることがわかります.

　交流抵抗 R_{AC} は高周波増幅回路などにおいて信号パターンの損失抵抗が増加して問題となることがありますが，ノイズ誘導の観点での影響度は大きくはありません．通常，ノイズ誘導に対しては，次に述べるリアクタンス $j2\pi fL$ の値のほうが大きく，影響度が大きいのです．グラウンドの低インピーダンス化を図り，グラウンドを強化するためには，主にグラウンドのリアクタンス低減の対策を行うことが必要となります.

リアクタンス分について

　図 2.12 は，各種導体形状に対し，導体の長さ l とインダクタンス L との関係をグラフで示したものです．どの導体形状でも，長さ l にほぼ比例して（完全な比例ではありませんが）インダクタンス L が上昇します．このとき，細いパターンや細い電線はインダクタンスが大きく，導体幅を広げるほど，また直径を太くするほど，インダクタンスを低減することができます．特に，幅の広い導体プレーンがインダクタンス値を下げるうえで効果的なことがわかります.

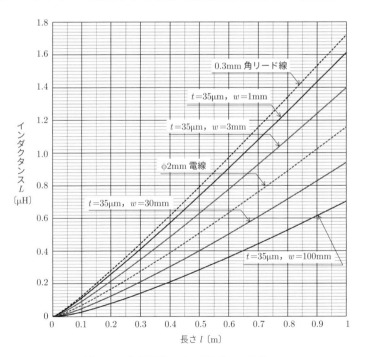

図 2.12　各種導体のインダクタンス特性

　例として，基板パターン長が 10 cm で 1 mm 幅 35 μm 厚のとき，インダクタンスを図 2.12 から読み取ると 0.12 μH です．そして，周波数 $f=100$ MHz でのインピーダンスの大きさ $|Z_{L_1}|$ は以下のように計算できます．

$$|Z_{L_1}| = |j2\pi f L_1| = 2\pi \cdot 1 \times 10^8 \cdot 0.12 \times 10^{-6} = 75 \ (\Omega) \tag{2.6}$$

　この値は，上記で求めた交流抵抗値 0.4 Ω に比べて桁違いに高い値で，グラウンドを考えるうえでリアクタンス分が重要なことがわかります．

　この基板パターンの幅を 10 cm に広げると（長さ 10 cm のまま），インダクタンスは 0.03 μH に減少します．そして，式 (2.6) に代入して $f=100$ MHz でのインピーダンスを計算すると，$|Z_{L_2}|=19$ Ω となり，インピーダンスを大幅に低下できることがわかります．

　ここで，グラウンド電線として広く用いられている φ2 mm 電線について，インピーダンスを計算してみます．長さ 1 m のインダクタンスはグラフから読み取ると 1.15 μH ですので，$f=100$ MHz におけるインピーダンスは $|Z_{L_3}|=723$ Ω となり，高い周波数ではグラウンドとして役立たないことがわかります．

2.2 基板におけるグラウンド

　基板におけるグラウンドはシグナルグラウンドです．電源のリターン電流が流れますので，インピーダンスを低く保ち，回路の基準点として安定させることが基本です．また，信号のリターン電流の流れる経路として，信号の伝送線路を形成する役割を担っています．

◯ 2.2.1　グラウンドノイズの発生と低減

　基板のグラウンドは各回路における多点グラウンドとして使われますので，グラウンドインピーダンス Z_G は共通インピーダンスとなります．そして，Z_G に過渡電流 i_N が流れることによって，式 (2.7) で計算されるノイズ電圧 V_N がグラウンドに発生します．

$$V_N = i_A Z_G \tag{2.7}$$

　基板のグラウンドのインピーダンスを低くするため，以下のような実装設計を
行います．

① 　内層グラウンドプレーンによるグラウンド強化

　　基板のグラウンドノイズ低減に効果的なのは，多層基板の内層に全面ベタの
　　グラウンドプレーンを設け，低インピーダンス化を図ることです．**図 2.13**
　　に4層基板（多層基板の基本形）における層構成例を示します．なお，両面
　　基板や6層基板については，本章 2.2.6 で言及します．

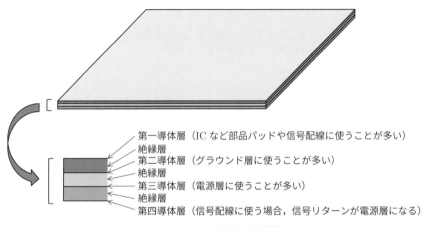

図 2.13　4層基板の構成例

② 　過渡電流経路の低インピーダンス化

　　上記①と重複しますが，IC のグラウンドだけでなく負荷や終端抵抗など過
　　渡電流が流れるリターン経路に注意を払う必要があります．広いグラウンド
　　プレーンによりインダクタンス成分を最小化するとともに，IC ピンからの
　　引出しパターン最短化や複数ビア接続などを行います．小径ビアはインダク
　　タンス成分が大きいので，個数を増やして強化します．

③ 　IC のグラウンドピンの低インピーダンス接続

　　IC のグラウンド安定化を図るため，**図 2.14** に示すように基板のグラウンド
　　層を IC パッドに近い層として接続距離を最小にします．また，複数のグラ
　　ウンド層がある場合は，グラウンドプレーン間の共振を防ぐため層間接続の
　　ビアを基板全体に間隔が広くならないよう配置します（本章 2.2.3 参照）．

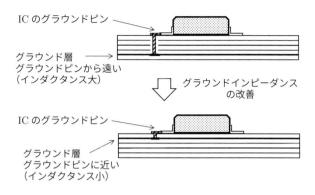

図 2.14　基板のグラウンド層と IC グラウンドピンの接続（基板と IC の断面イメージ図）

④　グラウンドをむやみに分割しない

　図 2.15 に示すようなグラウンドプレーンを分割した設計を目にすることがあります．分割の意図は，グラウンド電流を別の回路ブロックに流したくないためと考えられます．しかし，大電流回路を除き，回路ブロックを分けたときでもグラウンドプレーンを分割しないほうが，多くの場合よい結果が得られます．なぜなら，分割することでグラウンドの面積が小さくなりインピーダンスが上昇するだけでなく，信号リターン電流がグラウンドプレーン分割箇所で正しく流れず，**信号歪**や**クロストーク**の発生原因となるからです（本章 2.2.4 参照）．

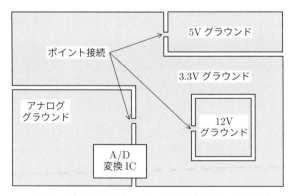

図 2.15　グラウンドプレーンの分割（好ましくない例）

グラウンドは分けるように
いわれてたけど
分けないほうが
いいことも多いのね

⑤ 基板間のグラウンド接続を強化

基板間をコネクタ接続することがよくありますが，多くの場合グラウンドインピーダンスを十分低くできません．このようなとき，グラウンドプレーンに接続したスルーホールに，**図2.16**のような金属スペーサ（スタッド）を複数立てて基板間グラウンド接続を強化すると，低インピーダンス化が図れます．また，FG（金属シャーシ）を低インピーダンスグラウンドとして使えれば，FGと基板グラウンドを多点接続することによって，グラウンド強化を図ることができます．

図2.16 金属スペーサ

2.2.2 グラウンドバウンス

IC出力回路部で発生するグラウンドノイズは，**グラウンドバウンス**と呼ばれています．**図2.17**は，グラウンドバウンスの発生原理を示したものです．

P-chトランジスタがON，N-chトランジスタがOFFのとき，出力に接続された信号伝送線路（等価容量が存在）やレシーバ等価容量に充電電流が流れ，出力が論理Hになります．次に，P-chトランジスタがOFF，N-chトランジスタがONになると，出力が論理Hから論理Lに変化します．このとき，出力回路

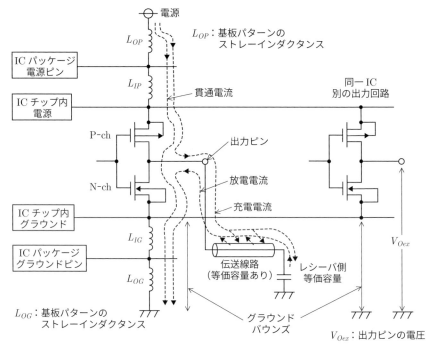

図 2.17　ディジタル素子出力部の等価回路

に接続された信号伝送線路やレシーバ等価容量から N-ch トランジスタを経由して**放電過渡電流**が流れます．また，出力が論理 L から H，H から L に変化するとき，P-ch トランジスタと N-ch トランジスタが同時に ON となる瞬間があり，**貫通電流**が流れます．

これらの充放電電流や貫通電流による過渡電流が流れると，電流経路に存在するインダクタンス成分によって過渡電圧が発生します．IC チップ内グラウンドから IC グラウンドピンまでの間には，ボンディングワイヤや IC パッケージのストレーインダクタンス L_{IG} が存在します．また，IC グラウンドピンから基板のグラウンドまでの間には，基板パターンのストレーインダクタンス L_{OG} が存在します．これらのインダクタンス成分 $L_{IG} + L_{OG}$ は，IC チップのすべての出力回路の共通インピーダンスとなり，各出力ピンにグラウンドバウンスとして重畳します．なお，高速素子ほど変化時間が短いため過渡電流が大きく鋭い波形となり，グラウンドバウンスが顕著に現れる傾向があります．

グラウンドバウンスのシミュレーション解析

図 2.18 は，信号出力に接続されている容量成分が放電することで発生するグラウンドバウンスを解析するための等価回路モデルです．論理 H から L に変化，すなわち N-ch トランジスタが OFF から ON に変化することで，信号伝送線路とレシーバ等価容量の電荷が放電して電流が流れます．このとき，チップ内グラウンドと基板グラウンド間に発生する過渡電圧がグラウンドバウンスで，図 2.19 に SPICE シミュレーションによる解析波形を示します．図 2.19 では，IC グラウンド端子と基板グラウンド間のパターン（長さ 2.5 cm と 0.5 cm）のストレーインダクタンスに対応した 2 つの波形が描かれています．ストレーインダクタンスが大きい 2.5 cm パターンではグラウンドバウンスが最大 250 mV と大きく発生し，インダクタンス成分を減らすことが重要なことがわかります．なお，この解析結果は 1 つの出力が変化したときの結果ですので，バス回路など複数の信号が同時に変化する場合には，さらに大きなグラウンドバウンスが発生します．LSI 設計資料などでは，この現象を**同時変化問題**と名付けて同時に変化する出力数を制限するなど，注意喚起が図られています．

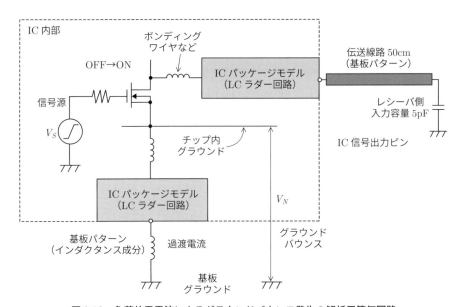

図 2.18　負荷放電電流によるグラウンドバウンス発生の解析用等価回路

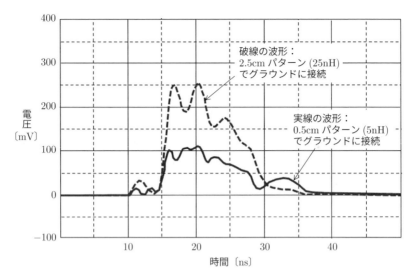

図2.19　グラウンドバウンス波形（シミュレーション結果）

グラウンドバウンスを減らすには

グラウンドバウンスを減らすため設計時に以下の対策をとります.

① IC パッケージ選定およびグラウンドピン割付の考慮

IC パッケージはインダクタンス成分の小さいものを選びます. 大型より小型のパッケージ, また QFP（Quad Flat Package）より BGA（Ball Grid Array）のほうが一般的にインダクタンスが小さく, ノイズを小さくできます. インダクタンスの小さいマイクロ BGA や CSP（Chip Size Package）も増えてきています. カスタム LSI ではグラウンド端子数を多くしたり, パッケージ形状によってはインダクタンス成分の小さいピンにグラウンドを割り付けたりすることが効果的です.

② 基板におけるグラウンドノイズ低減設計の徹底

基板のグラウンド層を IC パッドに近い層にする（前記図 2.14 参照）とともに, IC のグラウンドパターンの最短化やグラウンドプレーンへの複数ビア接続などを行って, 基板のグラウンドインピーダンスを低減させます.

③ 過渡電流や変化率を減らして使う

汎用のバッファ IC では, データと制御信号を混在させずに IC を別々にすることで, データラインの同時変化による大きなグラウンドバウンスが制御

信号に影響することを避けることができます．また，立上り時間遅れの問題が起こらないことを確認したうえで，適宜出力信号に直列抵抗を挿入して電流制限することも効果があります．カスタム LSI では，同時変化信号数に応じてグラウンドピン数を増やし，出力回路の電流変化率（スルーレート）調整機能があるときには，スルーレートを必要最小限に設定します．

2.2.3　基板プレーンの共振現象

基板内層の複数の電源／グラウンドのプレーン間には，IC 電源電流の変化などスイッチングに伴う過渡電流によるノイズや信号伝送に伴って発生するノイズが重畳します．平行したプレーンが共振すると共振周波数において大きなノイズが現れ，イミュニティ悪化や EMI の原因となります．

図 2.20 は，平行したプレーンを解析するための**平行平板モデル**です．平行平板の共振周波数は，平板間の絶縁体の比誘電率を ε_r，真空中の伝搬速度を c とすると，近似式 (2.8) で計算できます [23]．

$$f_{mn} = \frac{c}{2\sqrt{\varepsilon_r}} \sqrt{\left(\frac{m}{x}\right)^2 + \left(\frac{n}{y}\right)^2} \tag{2.8}$$

ここに，m および n：**共振モード**を表す整数，$c = 3.0 \times 10^8$ m/s

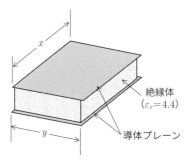

図 2.20　基板プレーン解析のための平行平板モデル

なお，m と n は奇数および偶数のいずれも存在しますが，奇数と偶数とでは共振時の平行平板に発生する定在波の節の位置が異なります．奇数では平行平板の中央部で電圧の節，すなわち電圧最小（インピーダンス 0），偶数の場合は平

行平板の中央部で電圧の腹，すなわち電圧最大で共振が起こります．

平行平板共振現象の解析

　図 **2.21** に示す平行平板の中央を駆動する解析モデルを設定し，基板寸法 $20\,\mathrm{cm} \times 20\,\mathrm{cm}$，平板間の間隔 $1.5\,\mathrm{mm}$，そして絶縁体の誘電率 $\varepsilon_r = 4.4$ とします．このとき，m と n が偶数の共振モードで平板中央が電圧の腹となり，大きな電界が発生します．**表 2.2** は，m, n が 0 を含む偶数のときの共振周波数の計算結果を示します．

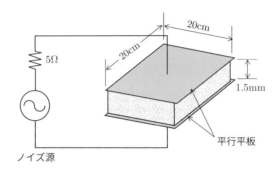

図 2.21　平行平板の中央駆動モデル

表 2.2　m, n が偶数のときの各共振周波数（計算値）

	m	n	共振周波数
（ⅰ）	0	2	$f_{02} = 715\,\mathrm{MHz}$
（ⅱ）	2	0	$f_{20} = 715\,\mathrm{MHz}$
（ⅲ）	2	2	$f_{22} = 1.01\,\mathrm{GHz}$
（ⅳ）	0	4	$f_{04} = 1.43\,\mathrm{GHz}$
（ⅴ）	4	0	$f_{40} = 1.43\,\mathrm{GHz}$
（ⅵ）	2	4	$f_{24} = 1.60\,\mathrm{GHz}$
（ⅶ）	4	2	$f_{42} = 1.60\,\mathrm{GHz}$

　以下，平行平板の共振周波数を考慮しつつ，電磁界解析ツール HFSS^{TM}（Ansoft 社の登録商標）による解析・可視化を行って，共振現象を調べてみましょう．

　なお，可視化結果の口絵図はカラーページにも掲載します．**口絵図1**は電界分布強度の色を示したもので，口絵図2〜口絵図6に共通のスケールです．

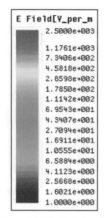

口絵図1　電界分布強度の色表示

① 平行平板共振による大きな電界分布の発生

口絵図2は，500 MHz（非共振状態）にて平板中央を駆動したときの電界分布です．一方，**口絵図3**は，$m=0$，$n=2$の共振周波数付近700 MHzにて駆動したときの電界分布です．口絵図2に比べて口絵図3のほうがはるかに電界が強く，平板上の電界の強い部分と弱い部分が強調されています．また，平板から外の空間にも電界が出ていく様子が見られます．

口絵図2　平行平板 500 MHz 中央駆動時の電界分布

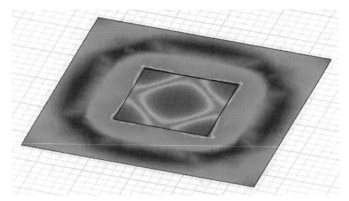

口絵図3　平行平板 700 MHz 中央駆動時の電界分布

② 平行平板間接続による電界低減効果

　口絵図4は，平板駆動点を囲むように 12.5 mm 間隔にビア（または理想コンデンサ）接続した状態で，700 MHz で駆動したときの電界分布を示します．平行平板の共振周波数付近 700 MHz の駆動でも平行平板間接続によって電界分布が抑えられ，平板から外の空間への電界も抑えられています．

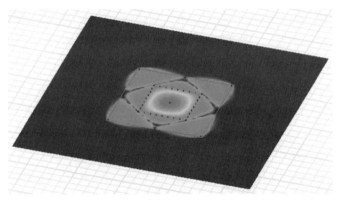

口絵図4　平行平板（ビア接続）700 MHz 中央駆動時の電界分布

③ 高次周波数共振の発生と平行平板間接続強化による低減効果

　口絵図5は，上記②と同じ平板間接続（12.5 mm 間隔）とし，高次周波数共振点 1.05 GHz で平行平板中央を駆動したものです．1.05 GHz の周波数では，**図 2.22** に示すようにビア接続点が電圧節となってしまい，ビアの電

界低減効果が減少してしまいます.

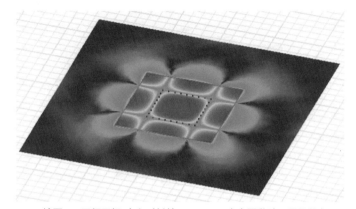

口絵図 5　平行平板（ビア接続）1.05 GHz 中央駆動時の電界分布

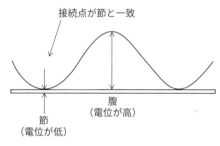

図 2.22　平行平板の電位分布

そこで，平行平板の駆動点を囲む 12.5 mm 間隔ビア（または理想コンデン
サ）接続に加えて，基板周囲の 4 隅と 4 辺中央にもビア（または理想コンデ
ンサ）接続を行いました．**口絵図 6** は，この接続強化による対策を行った
状態で 1.05 GHz の周波で駆動したものです．平板間接続を 2 段に強化す
ることで，高次周波数共振に対しても低減効果が現れ，電界分布が大きく抑
制されたことが確認できます.

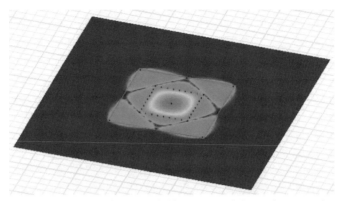

口絵図 6　平行平板（2 段ビア接続）1.05 GHz 中央駆動時の電界分布

平行平板共振防止の設計指針

　以上①〜③の電磁界解析結果をもとに，以下，基板プレーンに対する共振防止の設計指針としてまとめます．

● 基板プレーン共振防止のための接続間隔

　基板プレーン共振防止のための接続間隔のイメージを**図 2.23** に示します．
　基板プレーン共振防止のための接続間隔 a，b は式 (2.9) を満足する必要があり，間隔を充分狭くします．また，接続箇所は過渡電流が大きい場所だけでなく，基板プレーン全体に配置します．

$$a, b, \sqrt{a^2 + b^2} \ll \frac{\lambda}{2} \tag{2.9}$$

　ここに，λ：ノイズの波長

● 波長 λ の算出方法

　上記の基板プレーン共振防止のための接続間隔において，ノイズの波長 λ は真空中の波長を基板の比誘電率 ε_r の平方根で割った値です．例えば，$f = 1\,\mathrm{GHz}$，$\varepsilon_r = 4.8$ のときの波長 λ は以下のように計算されます．

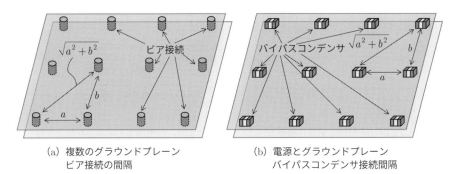

(a) 複数のグラウンドプレーン
　　ビア接続の間隔

(b) 電源とグラウンドプレーン
　　バイパスコンデンサ接続間隔

図 2.23　平行プレーン間接続間隔の寸法

$$\lambda = \frac{v}{f} = \frac{3.0 \times 10^8}{\sqrt{4.8}} \frac{1}{1.0 \times 10^9} = 0.14 \ \text{[m]} \tag{2.10}$$

● バイパスコンデンサのストレーインダクタンス

基板プレーン間のバイパスコンデンサは，コンデンサのもつ等価直列インダクタンス ESL および実装時のストレーインダクタンスを極力小さくすることが必要です．この ESL ＋ストレーインダクタンスによって共振点が低域にずれますので，a, b, $\sqrt{a^2+b^2}$ の寸法をさらに短くします（詳細は 5 章 5.1.3 参照）．

2.2.4　伝送線路としてのグラウンド

　信号のリターンとしてのグラウンドには，信号線と同じ大きさで信号と逆方向の電流（信号リターン電流といいます）が流れ，信号が伝わる伝送線路として重要な働きをします．

　図 2.24 は，信号伝送時の信号電流と**信号リターン電流（リファレンス電流ともいいます）**の関係を便宜的に描いたものです．図 2.24 は，信号の伝搬時間を考慮する必要のない範囲では誤りではないのですが，伝搬時間を考慮した伝送を表すには**図 2.25** のように描く必要があります．ドライバの出力信号が信号パターンとグラウンドプレーン間に出力されると，正の電荷と負の電荷が現れて電界が発生し，その電荷のペアが右方向に移動していくことで信号が伝送線路上を伝わるのです．

　信号パターンとグラウンドの物理的構造は，伝送線路のどこの断面でも常に一

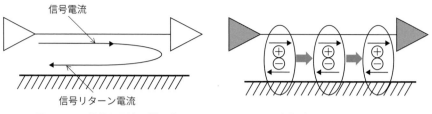

図 2.24　一般的な電流の描き方　　　図 2.25　伝搬時間を考慮した電流表示

定の間隔・材質であることが求められます．例えば，基板の代表的な伝送線路と
して，図 2.26 に示すマイクロストリップライン構造がありますが，この断面の
信号導体寸法やグラウンド間間隔などすべて一定です．

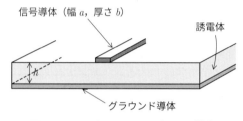

図 2.26　マイクロストリップライン構造

　図 2.27 は，信号がマイクロストリップラインを伝わるメカニズムを模式的に
示したものです．時間経過に伴って，この電荷のペアが伝送線路上を順次左か
ら右方向に移動し，$\dfrac{c}{\sqrt{\varepsilon_r \mu_r}}$ の速度（ここに c：光速 3.0×10^8 m/s）で信号が伝

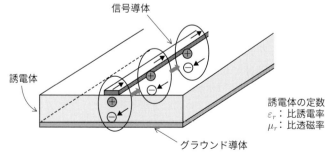

図 2.27　基板パターンを伝わる信号（マイクロストリップライン）

わっていくのです．このとき，正の電荷が右へ動くことで信号電流はパターン上を右へ，負の電荷が右へ動くことで信号リターン電流はパターンのすぐ真下のグラウンドプレーン上を左へ流れます．さらに時間が経過すると，電荷のペアが移動（信号が伝搬）して受信側に到達します．

図 2.28 に示すように，信号パターン下の絶縁層を挟んだグラウンドプレーンにスリットがあると，信号の正電荷と対になってグラウンドプレーン上を進む負電荷は，スリット部分でそのまま進むことができなくなります．すると，それまで信号パターンとすぐ真下のグラウンドプレーンとの間にあった電界は，スリット部分全体に広がります．そして，隣接する信号パターンへのクロストーク増大や，特性インピーダンスの変化で反射が発生して信号歪発生の問題を引き起こします．この現象を電磁界解析により可視化したものを**口絵図 7** に示します．

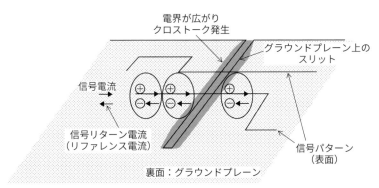

図 2.28　信号パターン下のグラウンドプレーンのスリット

なお，特性インピーダンス，クロストークなど信号伝送における波形品質を確保する技術については，5 章 5.2 節にて詳述します．

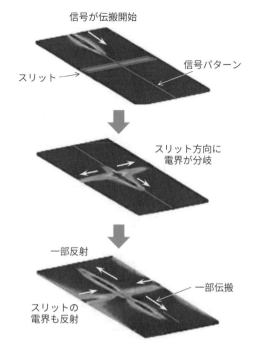

信号が伝搬開始

信号パターン

スリット

スリット方向に
電界が分岐

一部反射

一部伝搬

スリットの
電界も反射

口絵図 7　信号伝搬でのスリットの影響（電磁界解析結果）

2.2.5　両面基板と多層基板

両面基板

　両面基板では，電源，グラウンド，そして信号線を基板表面と裏面だけで構成する必要があり，グラウンドの低インピーダンス安定化や信号の波形品質確保が難しいのが実情です．

　両面基板の電源とグラウンド配線では以下の方法が使われています．

● **ミニブスバー**による給電方法

　図 2.29 は，両面基板における電源とグラウンドを，ミニブスバーと呼ばれる絶縁物で包んだ導体で接続する例です．ミニブスバーは，電源板とグラウンド板を対向して貼り合わせ，電源とグラウンドのインピーダンスを低くするとともに，内蔵コンデンサでバイパスコンデンサの役割をするものです．両面基板でも実装密度を比較的高くできる利点があり，以前は広く使われて

いました．ミニブスバーによるコストアップ，信号と信号リターン導体の間隔が一定にならないので波形歪に対する効果がないなどの欠点があります．

白いバーがミニブスバー
縦方向は垂直，横方向は水平実装

図 2.29 両面基板における電源とグラウンドの例（その 1）
（ミニブスバーによる電源供給）

● 平行かつ**格子状パターン**による電源とグラウンド配線による方法

図 2.30 は，電源とグラウンドを 1 mm 程度の細いパターンで平行かつ格子状に配線する方法で，以前はディジタル回路の基板実装の典型的な方法でした．図中の実線がグラウンドパターン，破線が電源パターンで，電源ノイズ低減のため電源とグラウンドのパターンを格子状かつ近接させています[8]．

電源とグラウンドをランダムに配線するよりも，低い周波数（クロック数 MHz 以下で遅い素子を使った場合）では安定して動作させることができます．また信号配線も表面と裏面を直交させて格子状にすることで，信号本数

がある程度多くなっても対応できる利点があります．しかし，ICの動作周波数の上昇に伴い，電源およびグラウンドノイズが大きく現れます．また，信号と信号リターンのパターン間隔が一定でないため特性インピーダンスが不定で，反射およびクロストークが大きく現れ，高速信号伝送には適しません．

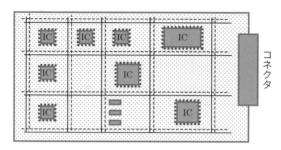

図2.30　両面基板における電源とグラウンドの例（その2）
（格子状平行パターンによる電源供給）

● グラウンドや電源の島を設ける方法

図2.31は，信号配線の空いた場所にグラウンドや電源の島を設ける例です．ある程度広いプレーン（ベタ）を設けることで，グラウンドや電源のインピーダンスを低減できる可能性があります．しかし，この方法では，グラウンドの島と島との接続部分のインピーダンスが高くなること，信号パターンの電流パスが変化して信号伝送での歪が減らないことなど，課題が残ります．

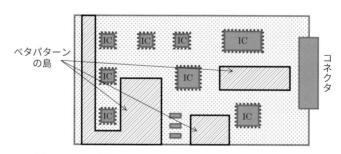

図2.31　両面基板における電源とグラウンドの例（その3）
（ベタパターンの島による電源供給）

● 基板裏面にできるだけ広いグラウンドプレーンを確保する方法

図2.32は，ICをできるだけLSI化してLSI間の配線を減らし，基板の裏面

にできるだけ広いグラウンドプレーンを確保する方法です．特にLSI間の信号パターンの下には必ずグラウンドプレーンをとるようにするとともに，伝送信号としての特性インピーダンスを考慮したパターン幅と基板厚とします．グラウンドプレーンが分断されて島状になる部分は，表面にベタパターンを配して複数のビアで表裏を接続して基板全体のグラウンドが一体化するようにします．なお，電源はパターンによる給電とせざるを得ませんが，LSI電源ピン付近には電源ベタの面積を確保してバイパスコンデンサをグラウンドプレーン間に複数実装します．このような工夫で，多層基板並みとはなりませんが，それほど高速信号でなければ比較的安定した動作が可能となります．

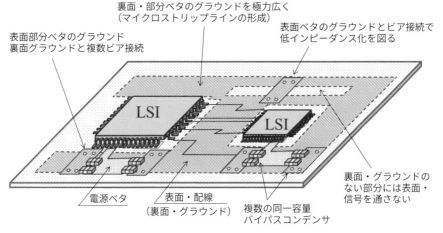

図2.32　両面基板におけるグラウンドの例（その4）
（電源・グラウンドのベタパターン拡張と接続強化（LSI対応））

多層基板：4層基板

　多層基板では，内層にグラウンドプレーン層，電源プレーン層を設けることができるため，グラウンドおよび電源が安定するだけでなく，信号伝送路の特性インピーダンスも一定に設計することが可能になります．

　しかし，多層基板であっても安心してはいけません．内層グラウンドプレーンや電源プレーンが分割されていると，低インピーダンスの電源供給とグラウンドの安定という多層基板の利点が活かされなくなってしまいます．また，プレーンにスリットがあり，その上を信号パターンが通っていると，反射やクロストーク

の悪影響があります（本章 2.2.4 参照）．

　図 2.33 のような 4 層基板の構成では，第四導体層の信号配線に対するリター
ン電流は第三導体層の電源プレーン上を流れます．信号のリターン電流は，信
号に一番近い導体に流れる性質があるためです．最近の基板では，5 V，3.3 V，
2.5 V，1.8 V など多くの電圧が使用されることが多くなってきました．これらの
電圧を電源プレーン 1 層で給電することが多く，電源プレーンが電圧の数あるい
はそれ以上に分割されることになります．信号パターンは，電源プレーンと電源
プレーン間のスリットを避けながら配線をしなければならず，実際には難しい状
況になることも多いのです．

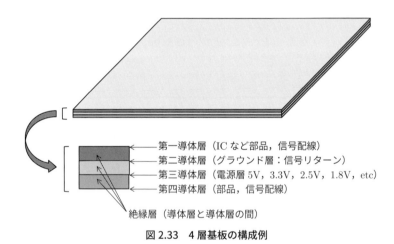

　　　　　　　　　← 第一導体層（IC など部品，信号配線）
　　　　　　　　　← 第二導体層（グラウンド層：信号リターン）
　　　　　　　　　← 第三導体層（電源層 5V，3.3V，2.5V，1.8V，etc）
　　　　　　　　　← 第四導体層（部品，信号配線）

絶縁層（導体層と導体層の間）

図 2.33　4 層基板の構成例

　上記 4 層基板において，電源プレーンのスリットの上にやむなく信号パターン
を通さなければならないときの改善策を以下に示します．ただし，100 MHz を
超える高速信号の場合は，この改善策では十分とはいえず，スリットを避けるた
め基板層数を増やすなどの対策が必要です．

● 各電源供給プレーンにまんべんなく，バイパスコンデンサ（ストレーインダ
　　クタンスを極力小さく）を実装し，各電源プレーン端には多めに実装しま
　　す．各電源プレーンをグラウンドプレーンと高周波的に同電位とするためで
　　す．
● 図 2.34 に示すように，スリットをまたぐ信号パターン両側に複数のコンデン
　　サを配して電源プレーン間を接続することで，スリットの影響を緩和します．

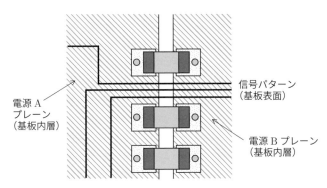

図2.34　電源プレーン・スリット間にコンデンサ実装

信号パターン
（基板表面）

電源A
プレーン
（基板内層）

電源Bプレーン
（基板内層）

多層基板：6層基板

　配線量が増えてくると実装が難しくなり，基板層数を増やす必要があります．基板層数が多くなった場合でも，高速信号下のプレーンにスリットがこないようにする基本は同じです．**図2.35**は，6層基板の層構成例です．第三導体層を電源層，その電源層を挟み第二および第四導体層をグラウンド層にし，信号リターン電流が常にグラウンドプレーンに流れるようにした層構成です．

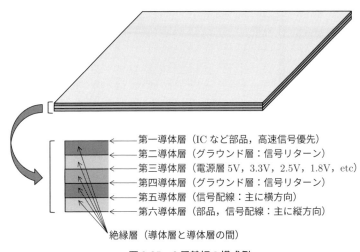

第一導体層（ICなど部品，高速信号優先）
第二導体層（グラウンド層：信号リターン）
第三導体層（電源層5V, 3.3V, 2.5V, 1.8V, etc）
第四導体層（グラウンド層：信号リターン）
第五導体層（信号配線：主に横方向）
第六導体層（部品，信号配線：主に縦方向）

絶縁層（導体層と導体層の間）

図2.35　6層基板の構成例

　この層構成例による特徴は以下の通りです．

- 電源プレーンがグラウンドプレーンで挟まれ，スリットによる問題がない
- 信号リターン電流が常にグラウンド層に流れ，特性インピーダンスが安定
- 電源層をグラウンド層で挟む構成のため，電源ノイズが減少
- Gbps 級高速差動信号の伝送線路を独立して配線できる
- 一般の配線パターンの縦と横で特性インピーダンスが多少異なる
- 一般の配線パターンはあまり多くできず，LSI 中心の基板への対応

両面基板と 4 層基板による EMI 比較

　両面基板と 4 層基板でノイズ発生にどの程度差があるかを実測してみました．CPU 搭載ディジタル回路を両面基板（図 2.30 の基板構成）でまず製作し，次に，同一回路で信号系配線は同じパターンのまま 4 層基板（電源とグラウンドを内層とした基板構成）でも製作しました．**図 2.36** は電波暗室における基板単体の EMI 測定のセットアップ模式図です．電源給電系の影響をなくすために電池駆動とし，信号ケーブルのない状態で両面基板および 4 層基板から発生するEMI 測定を行いました．

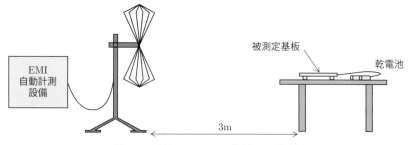

図 2.36　基板からの EMI 放射ノイズ測定

　図 2.37 は，ディジタル回路の両面基板のときの EMI スペクトル，**図 2.38**は，同一回路・パターンで 4 層基板化したときの EMI 特性です．これらのスペクトルを比較すると，両面基板に比べ 4 層基板は，20 dB 程度 EMI が減少していることが確認できました．

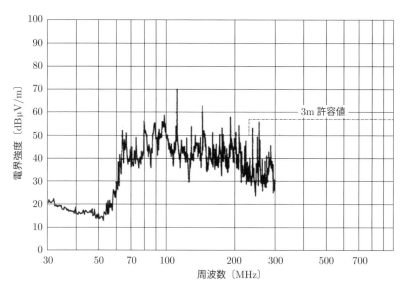

図 2.37　CPU 搭載ディジタル回路（両面基板）の EMI スペクトル

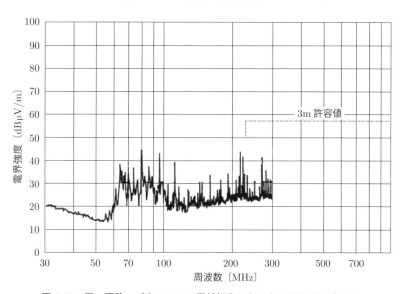

図 2.38　同一回路・パターンで 4 層基板化したときの EMI スペクトル

2.3 電子機器・装置におけるグラウンド

電子機器・装置のグラウンドには，フレームグラウンド（FG），シグナルグラウンド（SG），そして AC グラウンド（ACG）に分類できます．対ノイズ特性を高めるうえで，これらのグラウンドを適切に設計することが必要です．

■ 2.3.1 フレームグラウンドの設計

電子機器・装置の**フレームグラウンド**（**FG**）は，原則として金属シャーシ（筐体）のことを指します．金属シャーシは，通常面積の広いグラウンドプレーンで囲まれていますのでインピーダンスを低くでき，多点グラウンドとして有効なグラウンドとなります．

一昔前，金属シャーシは，基板や電源，ハードディスクなどを収納する箱としての機能が主なものでした．そのため，シャーシの設計では低インピーダンス化の電気的配慮がされないことが多く，電気的には高周波電流を流さないことが原則になっていました．

しかし，高速化の進んだ現在，イミュニティの強化および EMI 低減を実現するうえで低インピーダンス化したシャーシの活用が不可欠になっています．そのため，シャーシには高周波電流が流れるようになっていますので，シャーシ設計に注意を払う必要があります．

具体的には，例えば，図 2.39 のようにフレームグラウンドの金属どうしの接触不良が発生すると，接触部分に流れる高周波電流によってノイズが発生します．ねじなどで金属どうしを十分接触させたつもりでも，塗装やメッキによって接触が十分でない場合も起こります．塗装は通常導電性が低いと考えたほうが間違いありません．メッキは耐食性に重きが置かれることが多く，黒色や有色クロメート処理，アルマイト加工など導電性が不十分な場合があります．メッキには導電性の高い処理を選ぶ必要があります．

電子機器・装置のシャーシとしては，アルミなど導電性金属や導電メッキ材料を使用するとともに，金属どうしを面接触させることが基本です．図 2.40 のような金属どうしの接続不良が発生しやすい構造は避けることが賢明です．そして，冷却などの目的で穴やスリットを開ける場合，穴やスリットの長さでグラウ

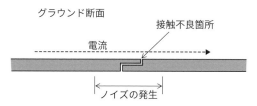

図 2.39　フレームグラウンドの接触不良箇所

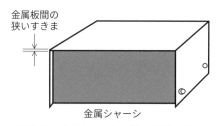

図 2.40　金属シャーシの狭い隙間の例

ンド強化が決まります．スリットであれば幅 Δt を狭くするのではなく，スリット長の寸法を短くするほうが効果的です．**図 2.41** のように長いスリットがあると，インピーダンスが上昇してノイズが誘起します．

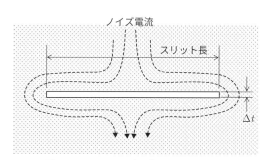

図 2.41　フレームグラウンドのスリット

　さらに，このような穴やスリット，または隙間の存在によって空間ノイズの問題，すなわち EMI 放射や外部からの空間ノイズ侵入も発生します．例えば，**図 2.42**(a) に示すように 2 枚の板金間に高周波ノイズが印加されるとダイポールアンテナとして動作し，また図 2.42(b) に示すように板金の隙間に高周波ノイズが印加された場合にはスロットアンテナとして動作し，空間にノイズが放射されます．

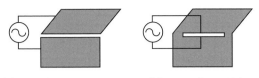

(a) ダイポールアンテナ　　(b) スロットアンテナ

図 2.42　ダイポールアンテナとスロットアンテナの形成

2.3.2　シグナルグラウンドの設計

　シグナルグラウンド（**SG**）は信号の基準点です．2.2節「基板におけるグラウンド」においては主体となるものです．DC電源のリターン側も，基板グラウンドに直接接続されますのでSGと呼ぶときがあります．DC電源の出力側およびリターン側には理想的にはDC電流のみが流れ，基板までを太く短く接続すればほぼ同一電位となります．注意すべき点は，DC電源リターン側と基板グラウンド間に流れる電流に高周波成分が含まれたり，太く短い接続でなかったりすると，インピーダンスが上昇してノイズが重畳してしまうことです．

　図 2.43は，ケーブルがアンテナとなってEMIが発生する模式図です．ケーブルを伝送する信号は基準をSGとしたディファレンシャルモードで伝わりますので，ケーブルを伝送するだけではEMIにはなりません．ところが，基準をFGとしてSGにノイズが存在すると，これがコモンモードノイズとしてケーブル全体に乗って空間に放射されるのです．これはEMIとしての問題だけでなく，**送受信の可逆性**として，外部からの空間ノイズがケーブルをアンテナとして電子機器・装置内部に入り込む問題も発生します．

　このようなSGに重畳するノイズを低減するには，SGとFG間のノイズ（電源やICのスイッチングに伴うグラウンドノイズ）を除去し，SGとFGを信号ケーブルの根元で低インピーダンス接続することが効果的です．低インピーダ

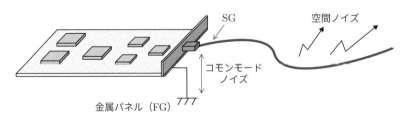

図 2.43　グラウンド SG と FG 間のノイズによる EMI 発生

ンス接続するには面接続（ベタ接続）がもっとも効果があり，金属導体やごく短い太い線で接続することでも対策ができます．また，基板 SG の強化も効果があり，金属スペーサ（本章 2.2.1 図 2.16）などで基板 SG とシャーシ（FG プレーン）を複数箇所で接続する方法があります．このとき FG は広いグラウンドプレーン（低インピーダンス導体）とし，板金接触不良や板金間の長い電線接続など，インピーダンスが高くなっていないことが前提になります．

🔲 2.3.3　AC グラウンドの設計

AC グラウンド（ACG）は，AC ラインフィルタのコンデンサの中点で，コンデンサ中点をグラウンドに接続して AC ラインからのコモンモードノイズを除去するためのグラウンドです．現在では，AC グラウンド（ACG）は他のグラウンド（FG，SG）と分離をすることなく，当然のように FG と接続されるようになりました．ただし，AC ラインから侵入するノイズが，AC グラウンドを経由しノイズ電流がシャーシを流れることを忘れてはいけません．

AC ラインフィルタは，ディファレンシャルモードとコモンモードの両方のノイズに効果をもつように設計されています．

図 2.44 は，AC ラインにディファレンシャルモードノイズが重畳したときのノイズ電流ルートを破線で示したものです．AC パワーソースは AC ラインフィルタをそのまま通過し，AC ラインフィルタのローパスフィルタ動作によってノイズ成分は装置内の DC 電源側に現れなくなります．ACG にはディファレンシャルモードのノイズ電流は流れ込みませんので，ACG がオープンでも効果は変わ

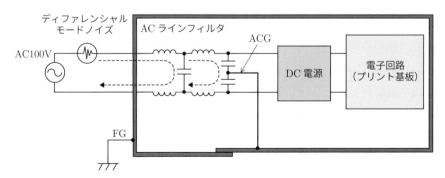

図 2.44　AC ラインへのディファレンシャルモードノイズ重畳時のノイズ電流ルート

りません.

　一方，図 2.45 は，AC ラインにコモンモードノイズが重畳したときのノイズ電流ルートを破線で示したものです．このときのノイズ電流のルートは，AC ラインフィルタ，ACG，金属シャーシ，FG 端子そしてシステム側のグラウンドへと流れます．ACG と金属シャーシ間を接続する電線にはストレーインダクタンスがあり，ノイズ電流が流れることによってノイズ電圧 V_{N1} が発生します．そして金属シャーシの接合が不十分な箇所やすきまなどインピーダンス増大箇所にもノイズ電流が流れ，ノイズ電圧 V_{N2} が加算されます．ノイズ V_{N1}，V_{N2} が発生すると，FG を基準にみて DC 電源にこれらのノイズが入力されることとなり，AC ラインフィルタの効果が低下してしまいます．対策としては，ACG と金属シャーシ間を直接接続するか太い電線で極短く接続し，低インピーダンス化を図ることです．金属シャーシでは，板金どうしの面接続を徹底するとともに，スリットがあれば長さを短くし，低インピーダンス化を図ることが必要です．

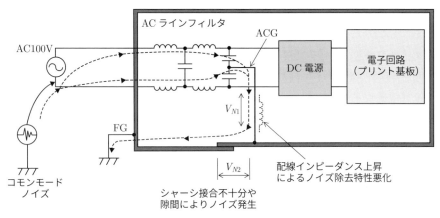

図 2.45　AC ラインへのコモンモードノイズ重畳時のノイズ電流ルート

　ここで，以前行われていた ACG 分離の電子機器・装置について説明を加えます．図 2.46 にコモンモードノイズが重畳したときのノイズ電流ルートを示します．この場合，ACG からの配線（シャーシ内部および外部）が長くなるためストレーインダクタンスが大きく，高周波のコモンモードノイズをほとんど低減できません．例えば，ACG からの φ2 mm の配線がトータルで 2 m あったとすると，約 2.4 μH のインダクタンスをもち，100 MHz におけるインピーダンスの大

きささ $|Z|$ は式 (2.11) のように高いインピーダンスになります.

$$|Z| = 2\pi fL = 2\pi \cdot 100 \times 10^{6} \cdot 2.4 \times 10^{-6} = 1.5 \,\text{(k}\Omega)\tag{2.11}$$

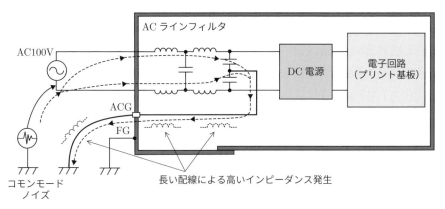

図 2.46 ACG 分離時のノイズ電流ルート

AC ラインフィルタによるノイズ除去においてもう 1 つ注意する点は，入出力間の分離です．入出力間の結合があると，分離されたノイズが再び出力に誘導してしまいます．そのためには，入力配線と出力配線を十分離すのが基本です．その際，電子機器・装置内の AC ライン入力から AC ラインフィルタ入力までの配線を最短とし，それでも入出力間の結合が懸念されるときには，FG に接続したシールド板を間に挿入すると効果的な分離ができます．インレット型 AC ラインフィルタは，ACG が直接シャーシに直付けされるため，入出力間のシールド分離が確実に行われ，仕様通りのノイズ除去性能を得ることができます．

2.3.4 パワー回路のグラウンド

パワー回路のグラウンドには大きなリターン電流が流れるため，単純に多点にグラウンド接続するとグラウンド全体に大きなノイズが発生することがあります．また，パワー回路のパルス動作では，パルス ON/OFF 電流が流れますので，低周波から高周波までを考慮した低抵抗かつ低インダクタンスの接続が必要です．

パワー回路では，以下の①〜④に注意して実装設計を行います．

① パワー回路の電流ループ面積を極力小さく

図 2.47 は，パワー回路の**電流ループ**を模式的に示したものです．設計において，電流ループをたどって**ループ面積**が最小となるような実装をします．

図 2.48 のように電源から電流の出る方向とリターン方向の経路を近接させ，また電流ルートになる部品にも近接させます．電流ループ面積を小さくして外部への磁束を減らし，他の回路への影響を最小限とするのです．また，高周波電流ルートも考慮し，バイパスコンデンサを使って高周波電流ルート面積をさらに絞るのが効果的です．

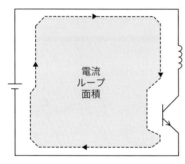

図 2.47　電流ループ 模式図

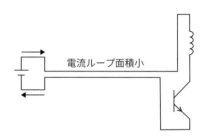

図 2.48　電流ループ面積を小さくした経路のイメージ

② 電子回路系の SG は多点グラウンドで強化

パワー回路動作による SG 変動が発生しても影響が及ばないように，電子回路系は多点グラウンドで強化します．また，電子回路系の電源・グラウンドとパワー回路系の配線の間で共通インピーダンスをもたないようにします．

③ パワー回路のリターン電流パスの分離と強化

特にパワー回路のメイン電流ルートとの共通インピーダンスに注意し，この部分の配線は太く短くを徹底します．

④ パワー回路と電子回路の電源分離が有利

パワー回路の電源はパワー回路の電源電流変化の変動の影響を受けやすいので，電子回路系と別電源とするほうが有利です．

パワー回路のグラウンドの例

図 2.49 は，電源 2 台でパワー回路と電子回路を別々に給電する場合の電流の流れを表したものです．電源の分離は電子回路系への影響を減らすうえで有利で

すが，それだけで安心は禁物です．上記①②③の注意事項のように，メイン電流のループ面積の最小化とともにバイパスコンデンサ（低周波の電解コンデンサと高周波コンデンサ）による高周波電流ループ面積を考えた配線経路とします．また，電子回路では，多点グラウンド強化とパワー回路系との共通インピーダンスをなくす実装をします．

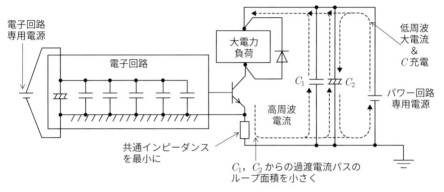

図 2.49　電源 2 台給電時のパワー回路の電流の流れ

　図 2.50 は，電源 1 台でパワー回路と電子回路の両方に電源供給する場合の電流の流れを表したものです．基本的な考え方は電源 2 台の場合と同様ですが，電源 1 台のため，電子回路系へのパワー回路の影響をさらに徹底して減らす必要があります．具体的には，大電力負荷近くに複数のバイパスコンデンサを接続して大電力負荷の高周波電流ループの面積を小さくするとともに，電子回路の電源とグラウンドの電流パスに高周波電流が流れ込まないようにします．また，パワートランジスタのエミッタ接続部には大きな電流が流れますので，電子回路グラウンドに流れ込まないように SG とエミッタを 1 点で直接接続します．電子回路の基板は内層グラウンドプレーンによりシグナルグラウンドを強化し，SG が多少変動しても電子回路に影響が及ばないようにします．

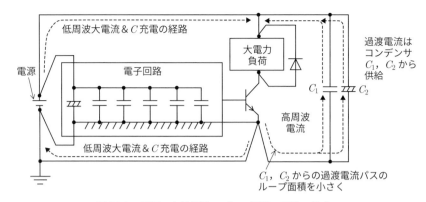

図 2.50　電源 1 台給電時のパワー回路の電流の流れ

2.3.5　信号インタフェースにおけるグラウンド

　信号源側グラウンドと受信側グラウンドの間に電位差やコモンモードノイズがあるときにグラウンド間を接続すると，大きなノイズ電流が発生してトラブルの原因となるときがあります．

シングルエンド接続

　図 2.51 (a) にシングルエンド接続のディジタル入力，図 2.51 (b) にシングルエンド接続のアナログ入力の各基本回路を示します．シングルエンド接続は，原則としてコモンモードノイズが微小（無視できる）の場合にのみ適用できます．コモンモードによるノイズ電流が無視できないときは，原則として差動信号インタフェースまたは絶縁型インタフェースとします．

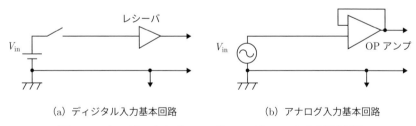

（a）ディジタル入力基本回路　　　　　　　（b）アナログ入力基本回路

図 2.51　ディジタルおよびアナログのシングルエンド入力基本回路

　図 2.52 は，ディジタル入力において，ケーブルにノイズが誘導してノイズ電流が流れるときの様子を模式的に表したものです．本来は後述の差動信号インタ

フェースまたは絶縁型インタフェースとするのがよいのですが，図 2.53 に示す簡易対策で済むこともあります．この対策は，入力側のグラウンドとの間に抵抗器を挿入することによって，ノイズ電流を減らす方法です．この方法では，挿入する抵抗値が低いと，ノイズの誘導が大きい場合にノイズ電流を十分低減できません．一方，挿入する抵抗値が高いと，接点 ON 時の入力信号レベルが上昇してノイズマージンが減少してしまう，という相反する問題があります．実際に適用するシステムに応じて，挿入する抵抗器の最適値を決める必要があります．

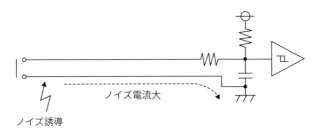

図 2.52　シングルエンド入力側への誘導ノイズの影響

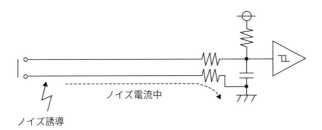

図 2.53　シングルエンド入力側への誘導ノイズ簡易低減法

差動信号インタフェース

　図 2.54(a) に差動ディジタル入力，図 2.54(b) に差動アナログ入力の各基本回路を示します．信号源グラウンドと受信側グラウンド間にコモンモードノイズが発生したとき，差動信号インタフェースとすることでコモンモードノイズを除去できる利点があります．ただし，誘導するコモンモードノイズが大きく素子の差動動作領域を超えると，ノイズ除去能力が大きく劣化してしまいます．実際に適用する場合，コモンモードノイズが差動動作領域内にあることの確認が必要です．

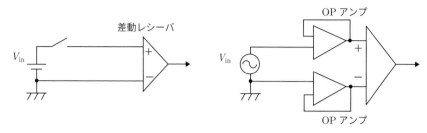

（a）差動ディジタル入力基本回路 　　　（b）差動アナログ入力基本回路

図2.54　ディジタルおよびアナログの差動入力基本回路

絶縁型インタフェース

図 2.55（a）に**絶縁型ディジタル入力**基本回路，図 2.55（b）に**絶縁型アナログ入力**の基本回路を示します．**絶縁型インタフェース**は，重畳するコモンモードノイズが大きいときの耐圧が高く，ノイズ環境の悪い場合にも適用できます．また，差動信号インタフェースに比べて通常コモンモード除去能力（CMRR）が高く，特に微小信号レベル対応のアナログ入力に対して効果を発揮します．絶縁型インタフェースがコモンモード除去能力が高いのは，コモンモード除去能力を高めるための1つの条件，負荷の対グラウンド間インピーダンスが非常に高い条件を満たしているためです（1章1.2.2参照）．

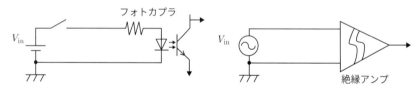

（a）絶縁型ディジタル入力基本回路 　　　（b）絶縁型アナログ入力基本回路

図2.55　ディジタルおよびアナログの絶縁型入力基本回路

ディジタル信号の絶縁には，**フォトカプラ**や**パルストランス**が用いられます．フォトカプラは電気信号を LED で光に変換してグラウンドと絶縁し，2次側フォトトランジスタで光を再び電気信号に戻す原理で信号を伝えます．**図2.56**は，フォトカプラインタフェースにおいて，信号源側にノイズが誘導してケーブルをノイズ電流が伝わる様子を模式的に表しています．フォトカプラによりグラウンドが絶縁されているため，ほとんどノイズ電流が流れませんので，レシーバ側への影響が飛躍的に少なくなります．

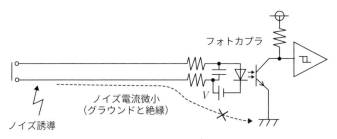

図2.56 絶縁型入力による誘導ノイズ低減

　ただし，市販のほとんどのフォトカプラは信号応答特性が遅い欠点があり，高速信号には適用できません．高速フォトカプラでも数十 Mbps 程度までで，それ以上の高速信号には使用できません．一方，パルストランスは，高速応答できる製品も多いのでしばしば用いられますが，直流を通すことができない欠点があります．ディジタル回路に使用するうえで，データをコード化するなどにより直流分を除く必要があります．

　アナログ信号を絶縁するには，**絶縁アンプ**を使用します．絶縁アンプにはトランスで絶縁するタイプが多く，トランス1次側でバッファアンプと信号チョッパによってアナログ信号の直流分も通過できるようにし，2次側ではチョッパされた信号をサンプル＆ホールドで元のアナログ信号に戻す方式が多く用いられています．

2.4　システムにおけるグラウンド

2.4.1　システムにおけるグラウンドの基本

複数の機器に対するグラウンド

　複数の電子機器・装置などをシステム化したときでも，基準点となるグラウンドを安定に保ち，お互いに共通インピーダンスをもたないようにしてノイズの誘導を防ぐ，というグラウンドの基本は共通です．

　しかし，システムでは通常サイズが大きくなることから，グラウンドインピーダンスを低く保つことが難しくなります．電子機器・装置間をつなぐ長い導体はインダクタンス成分が大きく，インピーダンスが高くなります．システムのグラ

ウンドインピーダンスを低く保つためには，高い周波数成分の電流を長い電線に
流さないことが基本となります．

　図2.57に，システムのグラウンドの基本的な方法を示します．各電子機器・
装置内では多点グラウンド，複数の電子機器・装置を収納するキャビネットでは
シャーシ間の面接続を基本として低インピーダンス化を図ります．そして，キャ
ビネットどうしを結ぶグラウンドは太いグラウンド線を使った1点グラウンドと
します．キャビネット内から外部に高周波ノイズ電流を出さないようにし，1点
グラウンド配線に発生するノイズ電圧が大きくならないようにします．このよう
なシステムのグラウンド方法をとることで，キャビネット内電子機器・装置のグ
ラウンドは多点グラウンドにより強化され，外部からノイズの誘導を受けた場合
でも影響を受けにくいシステムとすることができます．

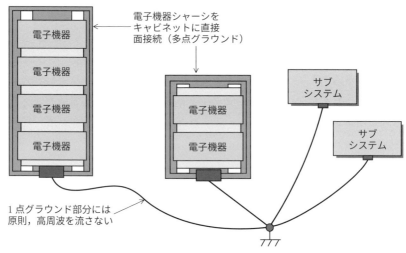

図2.57　システムのグラウンド方法例（多点グラウンドと1点グラウンド併用）

システムグラウンドを強化した特徴的な例

　システムグラウンドに導体プレーンを使って強化することもあります．特徴的
な例として，一部のデータセンターやコンピュータルームに適用されているグ
ラウンド構造があげられます．この構造は，建屋の床面全体を金属グラウンドプ
レーンや金属グリッドで敷き詰めたもので，低インピーダンスのシステムグラウ
ンドとして理想に近い方式です．このグラウンド方式では，サーバーなど各種
コンピュータやデータ通信機器に対しても多点グラウンドが可能となります．な

お，最近の機器・装置間を結ぶ信号ケーブルは光ファイバや絶縁型インタフェースを用いるのが一般的になってきており，システムグラウンドの安定化要求が従来ほど強くなくなり，このようなシステムは減ってきています．

　ビル建設時に格子状金属（金属グリッドと考えられる）を埋め込むことで建屋全体のシステムグラウンドの電位を一致させる方法を提案しているメーカもあります．主に雷保護を目的としていますが，システムグラウンドの安定化が図られれば，電子機器・装置などを直近でシステムグラウンドに接続して外部からのノイズを減少させることができます．また，建屋内部の空間に対するシールド効果もある程度期待できます．ただし，グラウンドインピーダンスおよびシールド効果は格子状金属の間隔に依存しますので，間隔を狭くとれない場合は高い周波数に対する効果は少なく，キャビネットから外部に高周波ノイズ電流を出さないというシステムグラウンドの原則を守る必要があります．

　図 2.58 は変電所システム（実測検証用）のシステムグラウンドの例です．実際の変電所システムでは格子状グラウンドは地面に埋め込まれているため見えないのですが，実測用のため格子状グラウンドが見えています．変電所では数百 kV の高圧を切り替える遮断器や断路器の動作時に，非常に大きなノイズが発生しますので，安全上の意味からもグラウンド強化が不可欠となります．格子状グラウンドの格子間隔は比較的広いため，安定化できるのは低周波が中心となりま

図 2.58　変電所システムのグラウンド例（格子状のグラウンド）

す．図2.58の中央部分に耐ノイズ性を高めた変電所用制御装置が設置されています．このような環境に設置される制御装置では，キャビネット内電子機器の多点グラウンドによるグラウンド強化やシールド強化とともに，信号ケーブル間の絶縁を徹底するなど，高電磁環境に対応した設計が不可欠となります．

2.4.2　信号ケーブル経由のグラウンドノイズ防止

グラウンド電位差によるノイズ発生防止

　電子機器・装置間を結ぶ信号ケーブルにおいて，**図2.59**に示すように信号グラウンドが両端別々にアース（大地接地）されている場合，機器間のグラウンド電位差によるアース電流（ノイズ電流）が流れて問題となることがあります．また，おおもとのアース接地極が同一であっても，動力機器などによるアース電流が流れている場合は，アース電流がグラウンド電位差を発生させ，信号ケーブルにノイズ電流が流れて問題が発生することがあります．

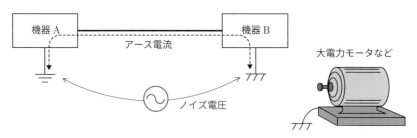

図2.59　機器間のグラウンド電位差によるノイズ電流発生

　グラウンド電位差がある場合には，信号のリターン側が直接アースされないような信号入力回路，すなわち絶縁型または差動型入力回路を使用する必要があります（本章2.3.5参照）．例えば，**図2.60**に示すように，電子機器・装置の少なくとも片方の信号入力回路または出力回路にフォトカプラを用いてアースから絶縁する方法がしばしば用いられます．

グラウンド接続による高周波コモンモードノイズ防止

　ノイズが信号ケーブルを伝わり電子機器・装置に侵入するのを防ぐため，信号ケーブルのシールドを通常フレームグラウンドFGに接続します．この場合，FGに接続するグラウンド線を短くするほどノイズ低減効果が高く，信号ケーブ

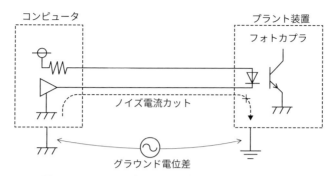

図 2.60　フォトカプラを用いた信号入出力回路の絶縁

ルのシールドを FG に金属クランプで直付することがベストです.

　図 2.61 に示すように，ノイズが電子機器・装置の信号ケーブルから侵入する
モデルを解析対象（模式図）とし，MICROWAVE STUDIO^{TM} による電磁界解
析で可視化を行いました．グラウンドから少し離れた位置に敷設された信号ケー
ブルにコモンモードノイズが誘導され信号ケーブル上を伝搬してきます．このと
き，電子機器・装置近傍で信号ケーブルのシールドとグラウンド（FG 相当）を
接続するグラウンド線の長さを 30 cm または 4 cm として違いをみます.

　口絵図 8(a) ～ (c) は，グラウンド線の長さを 30 cm としたときのノイズ（ガ
ウシャンパルス）伝搬を電界の強さに従って可視化したものです．口絵図 8 で
は，信号ケーブルとグラウンド間のコモンモードノイズが，左から右方向に順次
(a) ⇒ (b) ⇒ (c) と伝わっていく様子が示されています．口絵図 8(b) では，コ

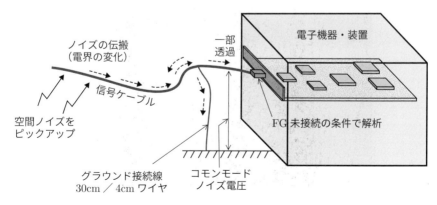

図 2.61　ノイズが電子機器・装置の信号ケーブルから侵入するモデル

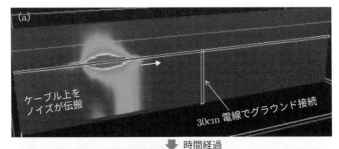

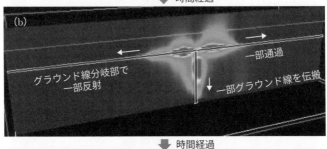

口絵図8　グラウンド線 30 cm としたときのノイズ伝搬

モンモードノイズがグラウンド線と分岐する部分に到達し，右方向へ透過する成分，グラウンド線を伝搬する成分，そして反射する成分に分かれた様子を見ることができます．グラウンド線の長さが30 cmと長いため，右方向へ透過して電子機器・装置側に伝わる成分がかなり多く，十分な低減効果が得られないことがわかります．また，口絵図8(c)では，ノイズの半分位が分岐部分を透過して電子機器・装置側に到達直前まで来ている状態にあり，グラウンド線の端で反射した成分が分岐部分から信号ケーブルに戻り，ノイズがいつまでも残っているのが見られます．

　一方，**口絵図9**(a) 〜 (c) は，グラウンド線の長さを4 cmとしたときのノイ

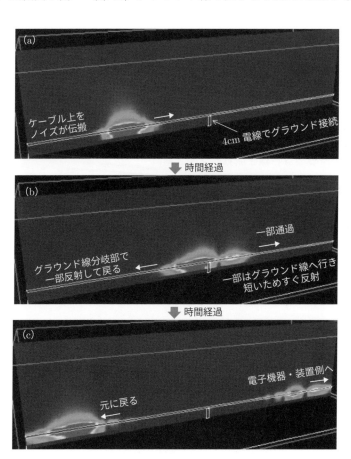

口絵図9　グラウンド線4 cmとしたときのノイズ伝搬

ズ（ガウシャンパルス）伝搬を電界の強さに従って可視化したものです．口絵図9でも同様に，コモンモードノイズが左から右方向に伝わっていく様子が見られます．口絵図9(b) では，コモンモードノイズがグラウンド線と分岐する部分に到達した瞬間が示されています．このとき，グラウンド線を伝わろうとする成分は，グラウンド線が短いためにすぐにグラウンドで反射され，ケーブルに戻って重畳します．また，口絵図9(c) では，わずかなノイズが分岐部分を透過して電子機器・装置側に到達直前にあり，ほとんどのノイズ成分はケーブルを元に戻っていくのが見られます．

　以上の結果から，グラウンド線の長さ 30 cm と 4 cm で電子機器・装置側に伝わるノイズ量が明らかに異なり，グラウンド線の短い 4 cm のノイズのほうがはるかに小さいことがわかります．

● 2.4.3　信号測定におけるグラウンドの重要性

　オシロスコープなど測定器で信号を測定するとき，グラウンドはとても重要な役割を果たします．

プローブのグラウンド線を流れるノイズ電流

　図 2.62 に汎用プローブの外観，図 2.63 に等価回路を示します．グラウンド線長 15 cm と仮定すると 150 nH 程度のインダクタンス成分をもち，プローブの

図 2.62　汎用プローブ外観

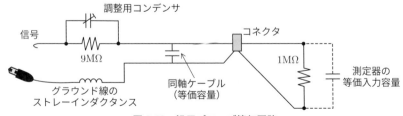

図 2.63　汎用プローブ等価回路

同軸ケーブルのシールド導体を経由して測定器シャーシに接続されます．測定器シャーシには，AC商用電源ラインとの配線間結合などによってノイズが重畳しています．一方，被測定側の電子機器・装置でも，回路動作によるグラウンド電流，AC商用電源ラインやケーブルからの誘導など，グラウンドにノイズが重畳しています．したがって，測定器のプローブのグラウンド線を被測定側の電子機器・装置のグラウンドに接続したとき，ノイズ電流が流れます．図2.64のようにノイズ電流 I_N がプローブのグラウンド線（ストレーインダクタンス L_S）に流れると，ノイズ電圧 $V_N = j\omega L_S I_N$ が誘起して信号に重畳してプローブ経由で測定器に入力されます．

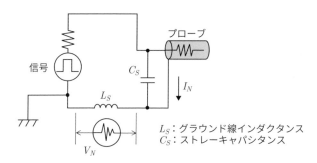

図2.64　プローブのグラウンド線に誘起するノイズ

　ここで，プローブのグラウンド線で先端をショートさせた状態で，先端を被測定系のグラウンドに接触させてみます．プローブがショート状態でも，グラウンド線にノイズが誘導していると，図2.65のようなノイズ波形が観測されます．このことから，ノイズ電流の存在を確認することができます．

　図2.66は，汎用プローブのスリーブを外して，先端部からグラウンド引出しした写真です．この場合は，グラウンド線長を 1.5 cm に短くできるので，インダクタンス成分を 15 nH 程度まで小さくでき，プローブ測定でのノイズを大幅に減らすことができます．

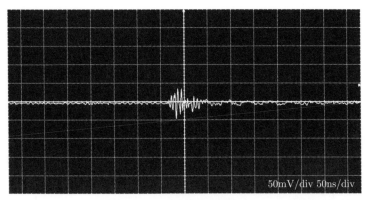

50mV/div 50ns/div

図 2.65　汎用プローブの先端ショート状態で電子機器グラウンド接触時の実測波形例

グラウンドピン（プローブ・アクセサリ）装着

図 2.66　汎用プローブのスリーブを外し，先端部からグラウンド引出し

図 2.67 は高速信号用パッシブプローブ（高周波プローブ）の外観模式図，図 2.68 が等価回路（例）です．このプローブはもともとグラウンド線が 1.5 cm 程度と短く，グラウンドのノイズが抑えられています．また，グラウンド線が短いだけでなく，この等価回路に示すように測定器信号入力部の終端抵抗でマッチングされており，同軸ケーブルを信号伝搬する際の反射が抑えられます．

グラウンド線

図 2.67　高周波プローブ外観

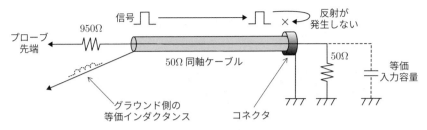

図 2.68　高周波プローブの等価回路例

プローブのグラウンド線による波形歪

　プローブのグラウンド線のストレーインダクタンスは，図 2.64 に示すのノイズ発生の原因となるだけでなく，パルス信号測定において波形歪の原因にもなります．**図 2.69** はプローブ先端部周辺の等価回路です．C_S はプローブ先端部のストレー容量，L_S はプローブのグラウンド線によるストレーインダクタンスです．

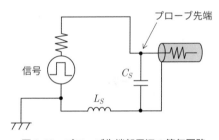

図 2.69　プローブ先端部周辺の等価回路

　この等価回路において，$L_S = 150\,\mathrm{nH}$（グラウンド線 15 cm 程度），$C_S = 2\,\mathrm{pF}$ とし，パルス信号を加えたときの波形を SPICE シミュレーションにより解析しました．**図 2.70** にプローブ先端の波形（解析結果）を示します．この波形の立上りおよび立下り時に大きなリンギングが見られます．この原因は，グラウンド線のストレーインダクタンス L_S とストレーキャパシタンス C_S の共振によるものです．

　次に，プローブのグラウンド線を 1.5 cm 程度に短くすることでストレーインダクタンスを $L_S = 15\,\mathrm{nH}$ に減らし（他の条件は同一），SPICE シミュレーションを行いました．その結果，**図 2.71** に示すようにリンギングの発生が抑えられ，正しいパルスを観測することができるようになりました．

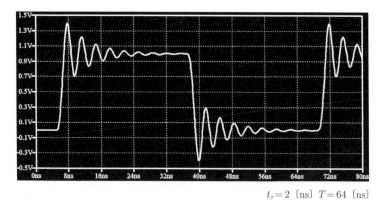

$$t_r = 2 \text{ (ns)} \quad T = 64 \text{ (ns)}$$

図 2.70　$L_S = 150$ nH，$C_S = 2$ pF のときのプローブ先端の波形（解析結果）

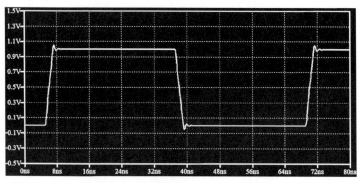

図 2.71　$L_S = 15$ nH，$C_S = 2$ pF のときのプローブ先端の波形（解析結果）

　グラウンド線がグラウンド端子まで届かないからといって，プローブのグラウンド線に延長電線をつぎ足したりするとインダクタンス成分が増大し，顕著な波形歪発生やノイズ重畳の原因となってしまいます．

信号の差動測定

　測定波形にグラウンドノイズが大きく重畳したり，波形歪によって本来の波形が正しく測定できないことがあります．このとき，被測定回路側も含めたグラウンド線最短化および被測定側と測定器とのグラウンド間接続強化などを行いますが，それでも十分でないときがあります．そのときは，図 2.72 に示すようにオシロスコープの入力 2 ch を使い，オシロスコープ演算機能で入力 ch 間の電位差をとる差動測定を行うと，多くの場合に改善効果があります．

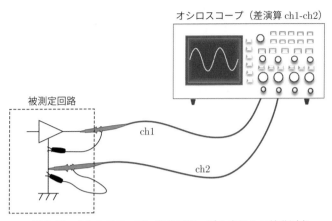

図2.72　オシロスコープ・汎用プローブ2本による差動測定

　高速信号測定において，図2.67のような高周波プローブを使った場合でも，対象波形が1 Gbps（giga bits per second）程度以上の高速信号になると，観測波形へのグラウンドノイズ重畳や波形歪が顕在化します．**図2.73**は3.125 Gbpsデータ信号発生源の実測波形で，各波形はグラウンドの条件を変えて測定したものです．図2.73(a)は高周波プローブを使った測定ですが，被測定側と測定器とのグラウンド接続の電線が長かったためノイズが誘導して波形が見えない状態となっています．図2.73(b)では，測定器との距離を近づけてグラウンド接続を強化した結果，波形が一応観測できるようになりました．図2.73(c)では，同じ信号をSMAコネクタにより測定器に直接同軸ケーブルで接続したときの波形です．ノイズ成分が除去され，本来のはっきりした信号波形が観測されています．

　図2.74は，5 Gbpsの差動信号を**差動アクティブプローブ**で測定している様子です．**図2.75**にこのときの観測波形例を示します．差動アクティブプローブは入力ストレー容量が小さく抑えられて波形歪を低減できるとともに，差動の効果でグラウンド線へのノイズや波形歪の影響がキャンセルされ，正しい波形観測が可能となります．

速い信号はオシロのグラウンドに
ノイズが乗ると波形が
見えなくなっちゃうのね

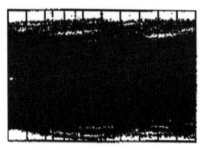

（a）グラウンド接続強化前のとき

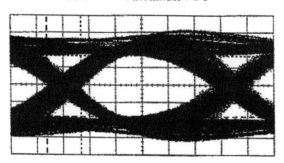

（b）グラウンド接続を強化したとき

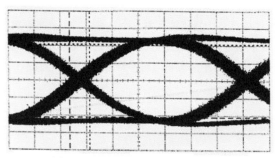

（c）SMA コネクタで直接接続したとき

図 2.73　高周波プローブによる実測波形例（3.125 Gbps）

図 2.74　差動アクティブプローブによる測定 の様子

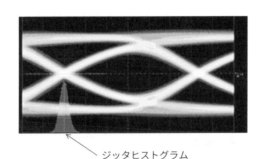

ジッタヒストグラム

図 2.75　差動アクティブプローブによる測定波形例（5 Gbps）

2.5 混成グラウンド

　混成グラウンドとは，低周波と高周波でグラウンド接続が異なるグラウンド接続方法のことです．混成グラウンドには，高周波グラウンドと低周波グラウンドがあります．通常のグラウンド方法で解決が難しいときなど，状況に応じて基板，電子機器・装置，そしてシステムに対して効果的に対策できることがあります．

2.5.1　高周波グラウンド

　高周波グラウンドは，高周波に対してのみグラウンド接続を行い，低周波に対

してはグラウンドに接続しない混成グラウンドの方法です．具体的には，グラウンド線で直接接続せずにコンデンサ経由でグラウンドに接続する方法です．

アース間電位差に対し高周波グラウンドで高周波ノイズ除去

図 2.76 に高周波グラウンドの例を示します．図 2.76 において，左側の電子機器の SG と FG が直接アース（大地接地）に接続されているとき，右側の電子機器は FG のみ直接アースに接続し，SG はコンデンサ経由でアースに接続します．このコンデンサの働きで，電子機器間のアース電位差（低周波ノイズ）によるアース電流を防止し，電子機器の FG と SG 間に発生する高周波ノイズをショートして減少させることができます．

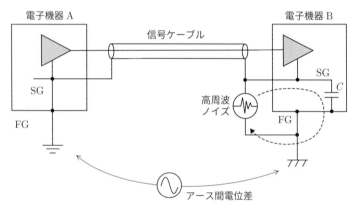

図 2.76　高周波グラウンド

ケーブルに重畳する定在波対策

図 2.77 はケーブルがアンテナになって無線電波の定在波が重畳している模式図です．信号ケーブルのシールドが片側アース接続の場合，波長 λ の $\frac{1}{4}$ の長さで共振して定在波がケーブルに現れ信号系に妨害が発生します（4 章 4.1.2 参照）．このようなとき，図 2.78 に示すように $\frac{\lambda}{5} \sim \frac{\lambda}{10}$ 以下の間隔でコンデンサを介してアースすることで定在波の重畳を防止できます．なお，これらのコンデンサを介してアースする代わりに太く短く直接多点アース接続をしたほうが効果が高いのですが，その場合はアース間電位差によるノイズ電流が発生しないことの確認が必要です．

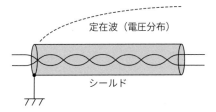

図 2.77 ケーブルに重畳する定在波

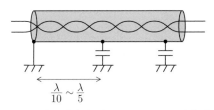

図 2.78 高周波多点グラウンドによる定在波 防止対策

2.5.2 低周波グラウンド

低周波グラウンドは，低周波に対してのみグラウンド接続を行い，高周波に対してはグラウンドから浮かせた混成グラウンドの方法です．具体的には，グラウンド線の途中にインダクタを直列に加えるか，またはグラウンド線をフェライトコアやトロイダルコアに通します．

図 2.79 は，低周波グラウンドによりノイズ防止を行う方法を示したものです．この方法は，アース間に高周波ノイズが存在し，高周波ノイズがグラウンドから電子機器・装置に侵入して問題となるようなときに有効です．グラウンド線にインダクタンス成分を挿入することによって，グラウンド線と信号ケーブルを経由して流れる高周波ノイズ電流がブロックされ，ノイズ侵入を防止できます．一方，交流 50/60 Hz に対してこのインダクタンス成分によるインピーダンスは非常に小さく，各電子装置シャーシはアース電位に固定されますので，保安上のアースは問題なく確保されます．

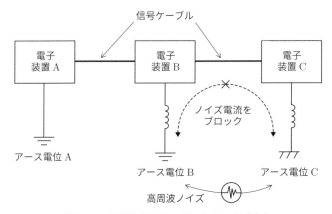

図 2.79 低周波グラウンドによるノイズ防止

2.6　グラウンドの実験と分析

〔実験の目的〕

　グラウンド線のインピーダンスが高いと，ノイズ電流によってグラウンドにノイズ電圧が発生します．グラウンドを強化したつもりでも意外に大きなノイズが誘起することがあります．下記項目の実験によってグラウンドの特性について理解を深め，グラウンドが「強い」「弱い」に対する感覚をつかみましょう．

① 　グラウンド線を流れるノイズ電流の周波数や波形による誘導電圧の違い
② 　グラウンド線を短くしたときの誘導電圧
③ 　グラウンド線へフェライトコアを装着したときの誘導電圧
④ 　太い平編線をグラウンド線に用いたときの誘導電圧

〔実験セットアップ〕

　図2.80に実験のセットアップ模式図を示します．ノイズ源としてファンクションジェネレータを使用し，$20\,V_{p-p}$ の正弦波または矩形波が出力されるよう

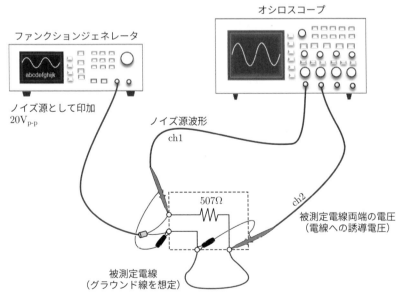

図2.80　グラウンドに誘導するノイズ実験セットアップ

に設定します．その出力に $510\,\Omega$ の抵抗器（測定値 $507\,\Omega$）を経由して被測定電線を接続し，被測定電線に正弦波または矩形波の電流が流れるようにします．オシロスコープの ch1 入力にはノイズ源の電圧波形，ch2 には被測定電線の両端の電圧波形を表示させます．なお，被測定電線の種類は下記 (a) 〜 (d) で，図 2.81(a) 〜 (d) に対応する外観写真を示します．

(a) $50\,\mathrm{cm}$ 長 $2.2\,\mathrm{mm}^2$ 電線
(b) $7\,\mathrm{cm}$ 長 $2.2\,\mathrm{mm}^2$ 電線
(c) $7\,\mathrm{cm}$ 長 $2.2\,\mathrm{mm}^2$ 電線に**フェライトコア**を挿入したもの
(d) $1\,\mathrm{m}$ 長 $5.5\,\mathrm{mm}^2$ 平編線

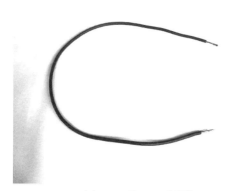

(a) $50\mathrm{cm}$ 長 $2.2\mathrm{mm}^2$ 電線

(b) $7\mathrm{cm}$ 長 $2.2\mathrm{mm}^2$ 電線

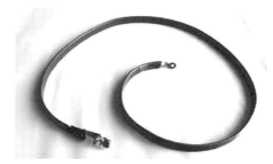

(d) $1\mathrm{m}$ 長 $5.5\mathrm{mm}^2$ 平編線（かなり太く見える）

(c) $7\mathrm{cm}$ 長 $2.2\mathrm{mm}^2$ 電線
　　フェライトコア挿入

図 2.81　各種被測定電線の外観写真

105

　図 2.82 は，測定に関係する部分の等価回路を示したものです．被測定電線の直流抵抗はほぼゼロオームで，ノイズ源が仮に直流であれば，オシロスコープに現れる電圧はほぼ 0 V になります．

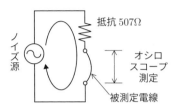

図 2.82　被測定電線への誘導電圧測定の等価回路

〔**測定内容および実測結果**〕
〔1〕ノイズ電流の周波数や波形による誘導電圧の違い

　図 2.80 の実験セットアップの構成にて，被測定電線（a）（50 cm 長 2.2 mm² 電線）に周波数や波形を変化させたノイズ電流を流しました．以下，オシロスコープ観測結果を示します．なお，各オシロスコープ画面において，上側（ch1）はノイズ源波形，下側（ch2）は被測定電線の両端の電圧波形（誘導電圧）です．

● 5 kHz 正弦波をノイズ源としたとき

　図 2.83 にこのときの測定結果を示します．ch2 は 20 mV/div と感度最大ですが，被測定電線の両端の電圧は，わずかなバックノイズのみで，5 kHz 波形は現れていません．

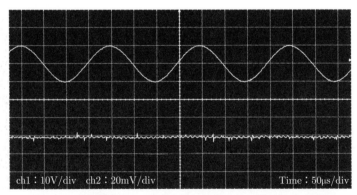

図 2.83　周波数 5 kHz における 50 cm 長 2.2 mm² 電線への誘導

● 500 kHz 正弦波をノイズ源としたとき

図 **2.84** にこのときの測定結果を示します．500 kHz 正弦波では，ch2 に 500 kHz 成分 63 mV$_\text{p-p}$ の誘導電圧が観測されました．

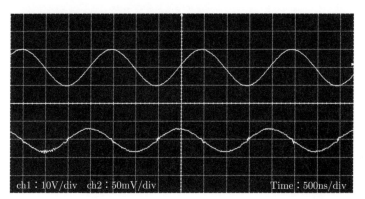

図 2.84 周波数 500 kHz における 50 cm 長 2.2 mm² 電線への誘導

● 5 MHz 正弦波をノイズ源としたとき

図 **2.85** にこのときの測定結果を示します．5 MHz 正弦波では，ch2 に 5 MHz 成分 0.57 V$_\text{p-p}$ と比較的高い誘導電圧が観測されました．

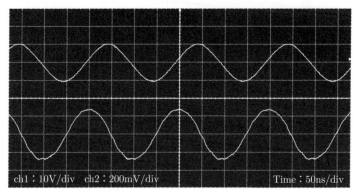

図 2.85 周波数 5 MHz における 50 cm 長 2.2 mm² 電線への誘導

● 500 kHz 矩形波をノイズ源としたとき

図 **2.86** にこのときの測定結果を示します．ch2 には，矩形波の立上り時に +0.42 V$_\text{p}$，立下り時に −0.40 V$_\text{p}$ の微分波形の電圧波形が観測されました．

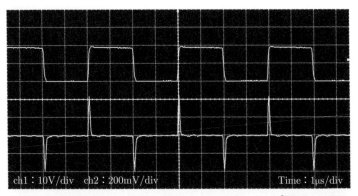

図 2.86　周波数 500 kHz 矩形波における 50 cm 長 2.2 mm² 電線への誘導

〔2〕グラウンド線を短くしたときの誘導電圧

　同様の実験セットアップ構成にて，被測定電線を短い電線（b）（7 cm 長 2.2 mm² 電線）に替え，ノイズ源を 5 MHz の正弦波として電流を流しました．**図 2.87** に測定結果を示します．上側（ch1）はノイズ源波形で，下側（ch2）の被測定電線の両端には 90 mV$_{\text{p-p}}$ の誘導電圧が観測されました．比較対象としては，図 2.85（50 cm 長 2.2 mm² 電線への誘導）になります．

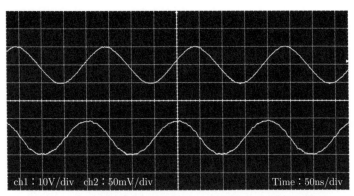

図 2.87　周波数 5 MHz における 7 cm 長 2.2 mm² 電線への誘導

〔3〕グラウンド線へフェライトコアを挿入したときの誘導電圧

　同様の実験セットアップ構成にて，被測定電線（c）（7 cm 長 2.2 mm² 電線にフェライトコア挿入）に替え，ノイズ源を 5 MHz の正弦波として電流を流しました．**図 2.88** に測定結果を示します．上側（ch1）はノイズ源波形で，下

側（ch2）の被測定電線の両端には $2.4\,\mathrm{V_{p\text{-}p}}$ の誘導電圧が観測されました．この $2.4\,\mathrm{V_{p\text{-}p}}$ の電圧は，被測定電線の中で一番高い電圧でした．

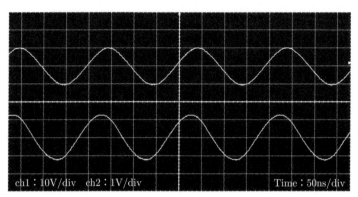

ch1：10V/div　ch2：1V/div　　　　　　　　　Time：50ns/div

図 2.88　周波数 5 MHz における 7 cm 長 2.2 mm² 電線（フェライト挿入）の誘導

〔4〕太い平編線をグラウンド線に用いたときの誘導電圧

　同様の実験セットアップ構成にて，太く表面積の広い被測定電線（d）（1 m 長 5.5 mm² 平編線）に替え，ノイズ源を 5 MHz の正弦波として電流を流しました． 図 2.89 に測定結果を示します．上側（ch1）はノイズ源波形で，下側（ch2）の 被測定電線の両端には $1.0\,\mathrm{V_{p\text{-}p}}$ の誘導電圧が観測されました．

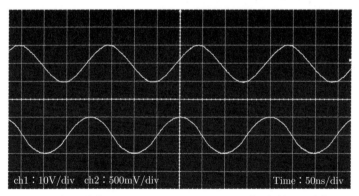

ch1：10V/div　ch2：500mV/div　　　　　　　　Time：50ns/div

図 2.89　周波数 5 MHz における 1 m 長 5.5 mm² 平編線への誘導

〔解説と分析〕

〔1〕ノイズ電流の周波数や波形による誘導電圧の違い

　5 kHz，500 kHz，5 MHz の正弦波ノイズ源を，50 cm 長 2.2 mm² 電線に印加

したときの測定結果では，5 MHz のときがもっとも高い誘導電圧でした．この理由は，高い周波数になるほど被測定電線のインピーダンスが高くなり，両端に誘導する電圧が高くなるためです．

50 cm 長 2.2 mm^2 電線のインダクタンス値は，インピーダンスメータで実測すると 0.45 μH でした．0.45 μH の 5 MHz でのインピーダンス Z を計算すると，式 (2.12) となります．

$$Z = j2\pi fL = j2\pi \cdot 5 \times 10^6 \cdot 0.45 \times 10^{-6} = j14 \ [\Omega] \tag{2.12}$$

したがって，両端に誘導する電圧 V_L は，式 (2.13) のように計算できます．

$$|V_L| = \left| \frac{j14}{507 + j14} \right| \times 20 = \frac{14}{\sqrt{507^2 + 14^2}} \times 20 = 0.55 \ [\text{V}_{\text{p-p}}] \tag{2.13}$$

この計算結果 0.55 $\text{V}_{\text{p-p}}$ は，5 MHz ノイズ源のときの実測結果 0.57 $\text{V}_{\text{p-p}}$（図 2.85）とほぼ一致しています．

2.2 mm^2 電線はグラウンド線としてよく用いられている電線です．5 kHz 程度の低周波では 2.2 mm^2 電線でグラウンド電位に固定できますが，5 MHz の高周波になるとインピーダンスが上昇し，グラウンド電位に固定できなくなることが実感できると思います．

〔2〕グラウンド線を短くしたときの誘導電圧

グラウンド線を短い被測定電線 (b)（7 cm 長 2.2 mm^2 電線）としたとき，誘導電圧が 90 m$\text{V}_{\text{p-p}}$（図 2.87）と上記 50 cm 長のときに比べて大幅に低い測定結果でした．上記〔1〕と同様，インピーダンスを計算してみます．

7 cm 長 2.2 mm^2 電線のインダクタンス値は，0.065 μH 程度ですので，5 MHz のときのインピーダンス Z は，次式のように計算できます．

$$Z = j2\pi fL = j2\pi \cdot 5 \times 10^6 \cdot 0.065 \times 10^{-6} = j2.0 \ [\Omega]$$

したがって，両端に誘導する電圧 V_L を計算すると，式 (2.14) となります．

$$\begin{aligned} |V_L| &= \left| \frac{j2.0}{507 + j2.0} \right| \times 20 = \frac{2.0 \times 20}{\sqrt{507^2 + 2.0^2}} \\ &= 0.079 \ [\text{V}_{\text{p-p}}] = 79 \ [\text{mV}_{\text{p-p}}] \end{aligned} \tag{2.14}$$

　式 (2.14) の結果は実測結果 90 mV$_{\mathrm{p\text{-}p}}$ と比べて若干低い値ですが，電線が短いので接続位置の微妙な差や接続部のストレーインダクタンスが関係し，若干の誤差が発生したと考えます．

　電線長を短くすることは，インダクタンスを低くするうえで効果があり，周波数が高くなるとグラウンド線を極力短くすることが重要なことがわかります．

〔3〕グラウンド線へフェライトコアを挿入したときの誘導電圧

　電線をフェライトコアに通すだけでフェライトコアに 1 回コイルを巻いたことになります．フェライトコア（EMC 対策部品）に 7 cm 長 2.2 mm^2 電線を通したものをインピーダンスメータで測定すると，5 MHz では抵抗分 44 Ω と 1.6 μH（直列）となりました．$R + j2\pi fL = 44 + j50$〔Ω〕より両端に誘導する電圧 $|V_L|$ を計算すると，式 (2.15) となります．

$$|V_L| = \left| \frac{44 + j50}{507 + 44 + j50} \right| \times 20 = \frac{\sqrt{44^2 + 50^2}}{\sqrt{551^2 + 50^2}} \times 20 = 2.4 \; [\mathrm{V_{p\text{-}p}}] \qquad (2.15)$$

　フェライトコアを 7 cm 長電線へ挿入したときの測定結果（図 2.88）も 2.4 V$_{\mathrm{p\text{-}p}}$ でしたので，式 (2.21) の計算結果と一致しています．

　このフェライトコアに 7 cm 長 2.2 mm^2 電線を通したもののインピーダンスの大きさ $|Z|$ と抵抗分 R の周波数特性を**図 2.90** に示します．この測定結果で，500 kHz 以下の低い周波数では抵抗分はゼロですが，周波数とともに抵抗分が増加し，2.9 Ω@1 MHz，44 Ω@5 MHz，そして 73 Ω@10 MHz と変化しました．1 MHz ではほとんど抵抗分がありませんが，50 MHz になるとインピーダンスのほとんどが抵抗分ということがわかります．抵抗分が周波数とともに増加する特性は，EMC のコモンモード対策を行う際に好都合ですが，信号のフィルタなどディファレンシャルモードで使う際には損失が大きく，注意する必要があります．

〔4〕太い平編線をグラウンド線に用いたときの誘導電圧

　太く表面積の広い平編線は，断面が丸形に比べてインピーダンスを低くできるといわれており，電子機器・装置やシステムのグラウンド線としてしばしば用いられてきました．

　長さが 1 m の平編線（幅 15 mm 断面積 5.5 mm^2）の測定結果（図 2.89）では，5 MHz 正弦波ノイズ源 20 V$_{\mathrm{p\text{-}p}}$ に対し 1.0 V$_{\mathrm{p\text{-}p}}$ の誘導電圧が観測されました．この誘導電圧は，50 cm 2.2 mm^2（直径 2 mm 弱）電線の測定結果（図

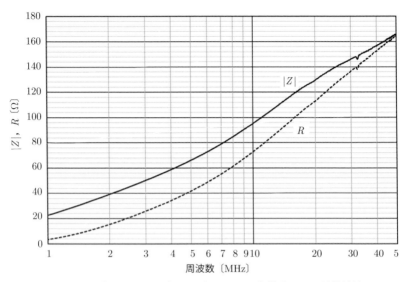

図 2.90　直列インピーダンスの大きさ $|Z|$，抵抗分 R の周波数特性

2.85）の $0.57\,\mathrm{V_{p\text{-}p}}$ に比べ，誘導電圧が 1.75 倍（2 倍近く）になります．太い平編線は見かけ上グラウンド強化が期待できそうですが，実際にはそれほど低インピーダンスにはなりません．

　グラウンド強化のためには，導体幅を広くすることは有効ですが，過信することなく，そのこと以上に長さを短くすることに注意を払う必要があります．**図 2.91** は，プリント基板を想定し，インダクタンス値固定時のパターン幅とパターン長の関係をグラフ化したものです．このグラフにおいて，例えば，インダクタンスを $0.1\,\mathrm{\mu H}$ に保つためには，$1\,\mathrm{mm}$ 幅のパターンであれば長さ $9\,\mathrm{cm}$ 以内，幅を $100\,\mathrm{mm}$（$1\,\mathrm{mm}$ の 100 倍）に広げた場合でも長さ $23\,\mathrm{cm}$ 以内にする必要があることがわかります．

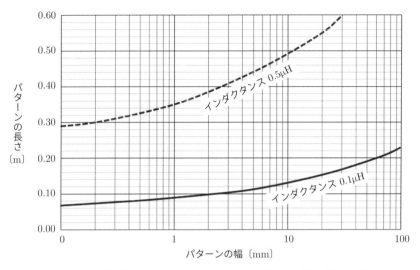

図 2.91　インダクタンス 0.1 μH，0.5 μH となるパターン幅とパターン長

2.7　グラウンドに関する事例と分析

　ここでは，グラウンドに関係した事例をいくつか取り上げています．具体的な現象を身近なものとして把握し，発生原因の追及・分析するのを参考にして実践力を身につけましょう．

事例 2.1

グラウンドバウンスによる誤動作対策

〔現象〕

　特にノイズを加えていないのに，ときどき制御装置の動作異常が発生していました．

〔原因と分析〕

　制御装置の基板において，オシロスコープにより，動作異常が発生する LSI のクロック入力信号波形をトリガレベルを変えながらノーマルトリガ・モードで調べたところ，ノイズが重畳していることが観測できました．そして，**図 2.92** に示すように，ノイズ重畳とデータラインの変化するタイミングが一致しているこ

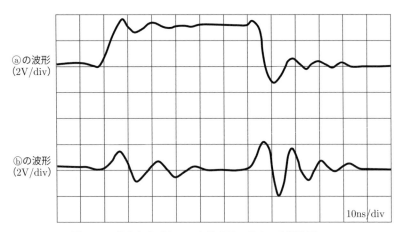

図 2.92　ⓐ点およびクロック停止時のⓑ点の実測波形

とがわかりました.

　クロストークの可能性を考えてノイズ重畳の信号パターンの経路を詳細を調べましたが，データラインなど他のパターンと並走していないことが確認されました．クロストークとは別の原因と考えられ，さらに調べると，**図 2.93** のようにノイズが重畳しているクロック信号とデータラインが同じデータバッファを経由していることがわかりました.

　結論として，発生していた現象はクロストークとよく似た現象でしたが，8 ch

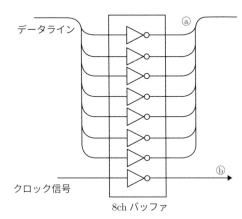

図 2.93　バッファ IC にデータラインとクロック信号が混在

バッファ IC のグラウンドバウンス（本章 2.2.1 参照）によるものと判断できました．

〔対策〕

　データラインに接続されている 8 ch バッファ IC と，クロック信号のバッファ IC を別の素子としました．その結果，グラウンドバウンス波形がなくなるとともに動作異常が発生しなくなりました．

事例 2.2

高速信号パターン下のグラウンドプレーン・スリットによる誤動作対策

〔現象〕

　制御装置の光ファイバインタフェースの高速データ伝送で，ときどきデータエラーとなる現象が発生しました．光送受信器の交換をしましたが，データエラーに変化はありませんでした．

〔原因と分析〕

　データエラーとなるのは，外部からノイズを印加しない通常伝送試験で起きていました．エラー発生箇所を特定していったところ，光送受信器自体でなく，基板実装の光送受信器とのインタフェース信号（ECL レベルの電気信号）の箇所で問題点が見つかりました．

　そのときの信号波形を図 2.94 に示します．信号 B は，本来信号がないはずな

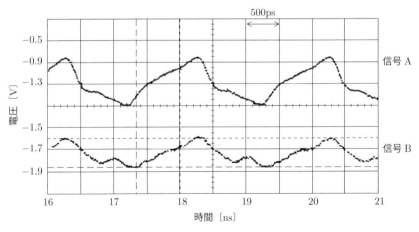

図 2.94　エラー発生時の信号波形

のに信号Aの波形と類似した波形が観測されました．データエラー発生の原因は，この信号Aが信号Bにクロストークしたためでした．

　そして，クロストークが大きく現れた原因について，基板のパターン図をチェックした結果，信号パターン下の内層グラウンドプレーンに**図2.95**のようなスリットが開いていることが確認されました．信号ライン途中のリファレンス（グラウンドプレーン）が欠けてしまうために電界が広がり，クロストークと波形歪の問題が発生したものと判明しました（関連：本章2.2.4参照）．

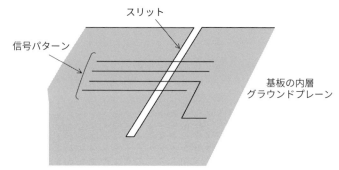

図2.95　基板グラウンドプレーン（内層）にスリットあり

〔対策〕

　信号パターンをグラウンドプレーンのスリットを避ける経路に変更しました．その結果，**図2.96**に示すように，信号Bへのクロストークが大幅に減少し，信

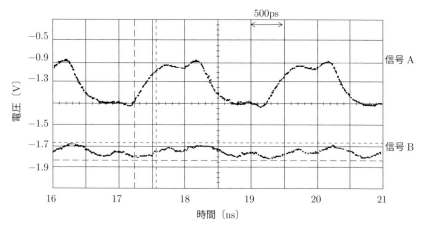

図2.96　信号パターン経路変更による改善後の信号波形

号 A の波形歪も改善しました．そして，制御装置の高速データ伝送でのデータエラーもなくなり，問題が解決しました．

事例 2.3

基板 SG と FG 間グラウンド強化による EMI 改善

〔現象〕

　制御装置に対する電波暗室での測定で EMC 規格をクリアできませんでした．EMC コネクタの採用および信号ケーブルのシールド化を行い，さらに信号ラインへの EMI 防止用フェライトビーズの対策をしましたが，ほとんど効果がありませんでした．

〔原因と分析〕

　スペクトラムアナライザにループコイルを接続してローカライジング測定（どこの部分から空間ノイズが出ているかを探索する測定）を行いました．その結果，もっともノイズの大きく観測されたのはケーブル部分で，上記各種対策の効果が現れていないことが判明しました．

　調査の結果，**図 2.97** に示すように，内蔵基板の EMC コネクタ部がシャーシの四角形窓から出るような設計となっていて，シャーシへ接続されていない状態でした．コネクタ金属部分は，内蔵基板のグラウンド SG にベタ付けされていましたが，シャーシ（FG）とは直接接続されていませんでした．この内蔵基板の SG

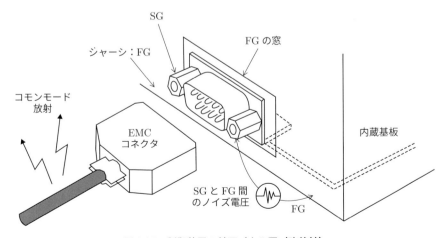

図 2.97　制御装置の前面パネル図（改善前）

は，基板の反対側コネクタから 10 cm 程度の電線経由で FG に接続されていることがわかりました．10 cm 程度の電線は 100 nH 程度のインダクタンス成分をもち，高い周波数ではインピーダンスが上昇してしまいます（本章 2.1.3 参照）．

SG と FG 間には IC のスイッチング動作によるノイズや電源ユニットからのノイズが発生しています．このとき SG と FG 間のインピーダンスが高いと，この間にノイズが誘導されます．基板 SG に接続された EMC コネクタの金属部には FG から見てコモンモードノイズが重畳し，ケーブルがアンテナになってコモンモード放射することが考えられます．そこで，SG と FG 間を低インピーダンスで接続をすることで解決を図ることにしました．

〔対策〕

コネクタ部分で SG と FG 間の低インピーダンス接続を行うため，**図 2.98** に示すように L 型アングルで基板グラウンドプレーン（SG）とシャーシ（FG）を面接触させてねじ止めをしました．

この対策により，EMC 規格をクリアさせることができました．

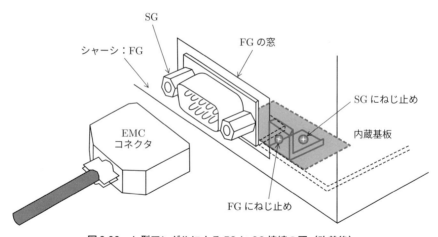

図 2.98　L 型アングルによる FG と SG 接続の図（改善後）

事例 2.4

信号絶縁部のグラウンドパターンによるノイズ耐圧悪化対策

〔現象〕

制御装置の信号ケーブルへの耐ノイズ評価としてファーストトランジェント／

バースト（IEC 61000-4-4）試験を行ったところ，耐圧目標値に対し半分程度の
耐圧しかありませんでした．

〔原因と分析〕

　ファーストトランジェント／バースト試験は，繰返しの速い高周波ノイズ（立
上り時間 5 ns のパルスとして規定）をケーブルに結合させ，ケーブル経由で伝
搬するノイズに対する耐力を評価するイミュニティ試験です．

　この制御装置では，耐ノイズ性を高めるため，信号ケーブル入力にフォトカプ
ラによる絶縁が採用されていました．また，信号ケーブル側からのノイズが内部
の回路に結合するのを減らす目的で，**図 2.99** のようにフォトカプラの入出力間
に FG に接続したグラウンドパターンが挿入されていました．

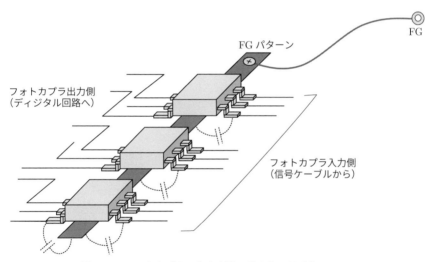

図 2.99　フォトカプラの入出力間のグラウンドパターン

　耐ノイズ性が低い原因として，フォトカプラの入出力間のグラウンドパターン
を疑いました．このグラウンドパターン（数 mm 幅）および FG 接続配線を合わ
せると総長約 25 cm で数百 nH 程度のストレーインダクタンスが見込まれます．
高周波ではこのインダクタンス分は高いインピーダンスになり，グラウンドパ
ターンが媒体となってフォトカプラ入出力間の結合を増やしてしまいます．すな
わち，高周波ノイズがフォトカプラ入力に印加されると，フォトカプラ入力とグ
ラウンドパターン間のストレー容量によってグラウンドパターンにノイズが誘起
されます．そして，このノイズがフォトカプラ出力側とのストレー容量でディジ

タル回路側に誘起され，耐ノイズ性が低くなったと考えられます．

〔対策〕

　フォトカプラの入出力間の数 mm 幅のグラウンドパターンを除去しました．この結果，ファーストトランジェント／バースト（IEC 61000-4-4）試験での耐圧が約2倍に向上し，耐圧目標値をクリアすることができました．

事例 2.5

複数基板のノイズ耐圧強化対策

〔現象〕

　制御装置の電源方形波試験および静電気放電試験を行ったところ，耐圧目標値よりはるかに小さく，根本的な対策が必要でした．

〔原因と分析〕

　制御装置のロジック搭載基板は2枚で，基板間コネクタにより電源・グラウンドおよび信号線が接続されていました．**図 2.100** に概略模式図を示します．なお，基板間には，基板間コネクタ以外に絶縁スペーサがあり，基板4隅が固定されていました．

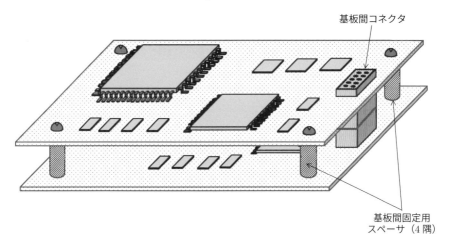

基板間コネクタ

基板間固定用
スペーサ（4隅）

図 2.100　制御装置内の複数基板の概略模式図

　基板のグラウンドに着目すると，各基板は6層基板で内層にグラウンドプレーンがあるものの，基板間の接続は基板間コネクタの内4ピン程度だけで，グラ

ウンドが弱いと考えられます．基板間グラウンドが弱い状態で，電源方形波試験および静電気放電試験に伴うノイズ電流がグラウンドに少しでも流れれば，容易にグラウンドにノイズ電圧が誘導され，誤動作につながると考えられます．

〔対策〕

　基板間グラウンドの接続を強化するため，基板間固定用の絶縁スペーサをすべて金属製のスペーサに交換する方法をとりました．幸いなことに，スペーサ固定用の穴が4つともスルーホールで，内層グラウンドプレーンに接続されていました．そのため，両方の基板のグラウンドプレーンどうしを低インピーダンスで接続できました．

　この金属製のスペーサによって，電源方形波試験および静電気放電試験をパスさせることができました．

事例 2.6

デバイスへの静電気ノイズによる他のデバイス誤動作に対する対策

〔現象〕

　中規模コンピュータシステムにおいて，プリンタを操作したところ別の表示装置の表示が異常となる不具合が発生しました．

〔原因と分析〕

　状況をヒアリングしたところ，現象は冬に発生することが多いとのことでした．冬は湿度が少なく静電気が発生しやすい環境になります．表示装置の表示が異常となるのは，冬場に多いこととプリンタ操作時と関連があるとのことでしたので，静電気放電ノイズが原因と疑いました．**図 2.101** にこのコンピュータシステムの関連部分の概略図を示します．

　プリンタと表示装置間には信号ケーブルが接続されていましたので，この信号ケーブル経由で静電気放電ノイズが伝搬すると考えました．

〔対策〕

　プリンタと表示装置間の信号ケーブルをトロイダルコア（フェライト）に数回巻き，コモンモードのインピーダンスを高くすることでノイズが表示装置側に伝搬しないようにしました．この対策を行うことで表示装置の表示が異常となることはなくなり，解決しました．なお，静電気ノイズ耐圧をトロイダルコア有無で比較すると，トロイダルコアを入れることで2倍になることを確認しました．

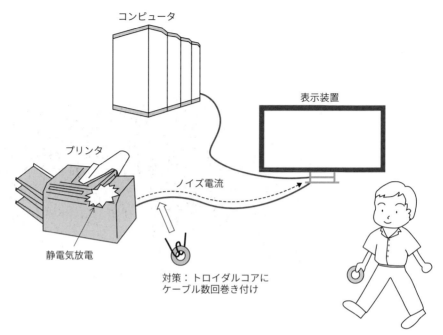

コンピュータ

表示装置

プリンタ

ノイズ電流

静電気放電

対策：トロイダルコアに
ケーブル数回巻き付け

図2.101 コンピュータシステムにおける静電気放電ノイズの発生と対策

3章

シールド

　空間を伝わるノイズを減少させるには，ノイズ発生源からの距離を離すことが効果的です．しかし，実際には，ノイズ源からの距離を離すことなく，電子機器・装置やシステム内の限られたスペースで誘導や放射を抑えて正常に動作させる必要があります．また，電子機器・装置から発生するノイズが近くのテレビやラジオ，通信機器などに影響を与えることを避けなければなりません．

　適切に施されたシールドはノイズ発生源からの距離を等価的に離すことができ，このような課題を解決することができます．

3.1 シールドの種類と使い分け

　シールドは，図 3.1 に示すように電子機器・装置への空間を伝わるノイズを減少させるイミュニティ強化の目的で使われる場合と，図 3.2 に示すように電子機器・装置からのノイズを減少させる EMI 低減の目的で使われる場合があります．

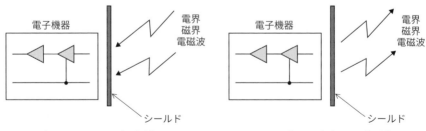

図 3.1　空間からのノイズを低減するシールドの概念図

図 3.2　電子機器の発生ノイズに対するシールドの概念図

　そして，効果のあるシールドを行うためには，電磁環境に適したシールドの種類を選び，正しく実装する必要があります．

シールドの種類

シールドには以下の種類があります.

① 静電シールド
② 磁気シールド
③ 電磁誘導による電磁シールド
④ 電磁波に対する電磁シールド

効果的なシールドを行うためには,ノイズの周波数と空間を伝わるノイズの形態(電界,磁界,そして電磁波)に応じてこれらのシールドを使い分ける必要があります.

静電シールド
磁気シールド
・・・シールド

シールドにも
いろんな種類があるのね

図 3.3 に波動インピーダンスに対応したシールドの種類を示します.これは,ノイズ発生源からの距離と波動インピーダンスのグラフ(1 章 1.2.3 図 1.39 参照)に,適用するシールドの種類をマッピングをしたものです.

図中 A の破線で示した範囲は,微小ダイポールで代表される電圧性発生源から近い距離にあり,電界が支配的で波動インピーダンスの高い誘導電磁界の領域です.この範囲のノイズに対して適用されるのは,**静電シールド**です.

図中 B の破線で示した範囲は,微小ループで代表される電流性発生源から近い距離にあり,磁界が支配的で波動インピーダンスの低い誘導電磁界の領域です.この範囲のノイズに対して適用されるのは,**磁気シールドまたは電磁誘導による電磁シールド**です.なお,シールド効果の観点から,磁気シールドは低周波のノイズに対して適用し,電磁誘導による電磁シールドは高周波のノイズに対し

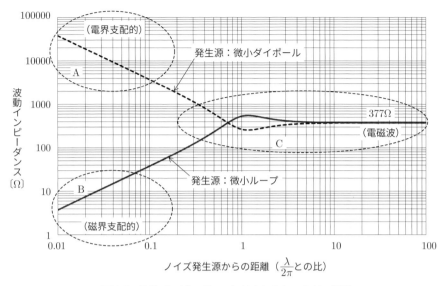

図 3.3　波動インピーダンスに対応したシールドの種類

て適用します．詳細は，後述の 3.3 節「磁気シールド」および 3.4 節「電磁誘導
による電磁シールド」で説明します．

　図中 C の破線で示した範囲は，発生源が微小ダイポールまたは微小ループの
いずれであっても発生源から遠い距離にあり，電磁波が支配的で波動インピーダ
ンスが 377 Ω 付近の放射電磁界の領域です．この範囲のノイズに対して適用さ
れるのは，**電磁波に対する電磁シールド**です．

3.2 　静電シールド

　静電シールドは，電界によるノイズ誘導（等価回路としては容量結合）を減少
させるシールドです．**図 3.4** に静電シールドの原理図を示します．図 3.4(a) は，
電荷から空間のすべての方向に出ている電気力線を示しています．図 3.4(b) は，
電気力線を出している電荷を導体（電気抵抗の低い材料）で包んだだけの状態を
示していて，空間に出ている電気力線は変わっていません．図 3.4(c) は，その
導体をグラウンドに接続したため内部の電気力線が外部に出なくなる状態，すな
わち静電シールドが行われている状態を示しています．静電シールドでは，シー

125

ルド材料をグラウンドに接続しないと効果がなく，グラウンドの良否がシールド効果を左右します．

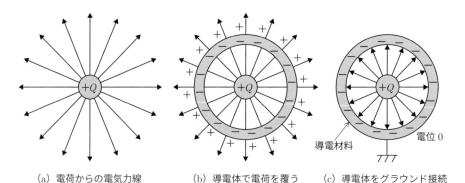

(a) 電荷からの電気力線　　　(b) 導電体で電荷を覆う　　(c) 導電体をグラウンド接続

図 3.4　静電シールドの原理説明図

◉ 3.2.1　静電シールドの等価回路

図 3.5(a)，(b)，(c) は，図 3.4(a)，(b)，(c) に対応する等価回路を示したものです．図 3.5(a) において，導体 A に接続されたノイズ発生源（電圧 V_N）からのノイズは，キャパシタンス C_{AB} の結合で導体 B（受動側）に誘導されることが示されています．このときのキャパシタンス C_{AB} の容量は式 (3.1) で計算されます．

$$C_{AB} = \varepsilon \frac{S}{d} \tag{3.1}$$

ここに，S：導体の等価面積，d：導体 A と B 間の距離，ε：誘電率

図 3.5(b) では，導電性のシールド材料を導体 A と B との間に挿入した状態で，キャパシタンス C_{AB} がシールド導体によって C_{AS} と C_{SB} に分割されています．また，導体 A と B 間の距離 d も d_1 と d_2 の距離に分割されます．そして，導体 A と B 間の結合容量 C'_{AB} は，C_{AS} と C_{SB} 直列容量となり，式 (3.2) のように計算されます．

$$C'_{AB} = \frac{C_{AS} \cdot C_{SB}}{C_{AS} + C_{SB}} = \frac{\varepsilon^2 \cdot \dfrac{S}{d_1} \cdot \dfrac{S}{d_2}}{\varepsilon \dfrac{S}{d_1} + \varepsilon \dfrac{S}{d_2}} = \frac{\varepsilon^2 S^2}{\varepsilon S (d_2 + d_1)} = \varepsilon \cdot \frac{S}{d} = C_{AB} \tag{3.2}$$

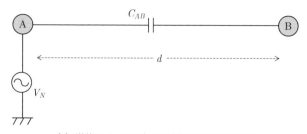

（a）導体 A のノイズ電圧が導体 B に静電結合

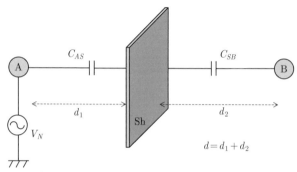

（b）導体 A と導体 B 間にシールド導体（Sh）を挿入

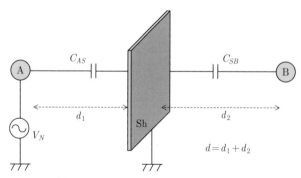

（c）シールド導体（Sh）をグラウンドに接続

図 3.5　静電シールド説明図の等価回路（図 3.4(a) ～ (c) に対応）

　式 (3.2) から導びかれた結果は，C'_{AB} は結局 C_{AB} と等しくなるということです．すなわち，導体 A と導体 B の間にシールド導体を入れただけでは，静電シールドの効果はありません．

　図 3.5(c) では，導体 A と B の間のシールド導体はグラウンドに接続されてお

り，グラウンド電位 0 に固定されます．そのため，容量 C_{SB} による導体 B への結合はグラウンドの電位 0 との結合に変わり，容量 C_{SB} 経由でノイズ V_N が誘導されることはなくなります．

以上が，等価回路による静電シールドの原理の説明になります．

3.2.2　静電シールド導体とグラウンド間の接続

シールド導体とグラウンド間の抵抗

シールド導体とグラウンド間を接続する抵抗成分について検討します．シールド導体とグラウンド間の抵抗（シールド導体の抵抗分を含む）を R_G として等価回路を描くと，**図 3.6** のようになります．この等価回路から，ノイズ源の電圧 $|V_N|$ とシールド導体に誘導される電圧の大きさ $|V_G|$ の比，すなわち抵抗 R_G があるときの**静電シールド効果**は式 (3.3) で表すことができます．

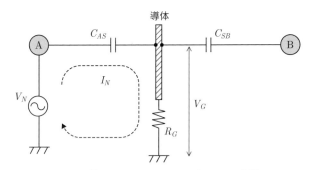

図 3.6　静電シールドにおけるグラウンド抵抗

$$\frac{|V_N|}{|V_G|} = \frac{\left|\dfrac{1}{j\omega C_{AS}} + R_G\right|}{R_G} = \sqrt{1 + \left(\frac{1}{2\pi f C_{AS} R_G}\right)^2} \tag{3.3}$$

そして，式 (3.3) を dB で表示すると，式 (3.4) となります．

$$\therefore \quad 20\log\frac{|V_N|}{|V_G|} = 20\log\sqrt{1 + \left(\frac{1}{2\pi f C_{AS} R_G}\right)^2} \quad \text{〔dB〕} \tag{3.4}$$

式 (3.4) において，$C_{AS} = 5\,\text{pF}$，R_G の値を $1\,\Omega$，$50\,\Omega$，$1\,\text{k}\Omega$ としたときのグ

ラフを描くと**図3.7**となります．静電シールド効果は，周波数が高くなるほど低下し，また R_G の値が高くなるほど低下します．静電シールドに流れる電流は高い周波数になるほど増加しますので，高い周波数のノイズほどグラウンドと低インピーダンスで接続する必要があります．

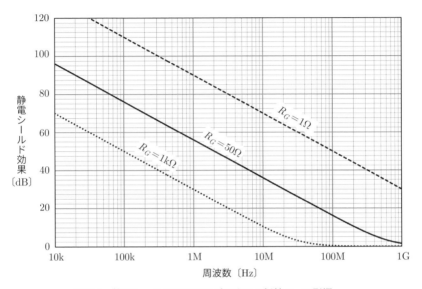

図3.7　静電シールドにおけるグラウンド抵抗 R_G の影響

静電シールドの良好なグラウンド接続点は

　静電シールドの良好なグラウンド接続点はどこか考えてみましょう．

　図3.8に示すように，静電シールドでは接続したグラウンドにノイズ電圧 V_G が存在すると，シールド導体と受動側の導体 B 間の静電結合により導体 B にノイズが誘導されます．「シールドだから FG（フレームグラウンド）に」と安易に接続すると，逆にノイズを増やしてしまう可能性があります．

　ノイズの影響を受ける回路自身（受動側）に視点を置き，静電シールドにノイズが乗らないようなグラウンドに接続するのが基本です．したがって，**図3.9**に示すように，受動側の回路の基準となるグラウンドに静電シールド導体を接続するのがよいと考えられます．なお，静電シールド導体がノイズを拾うアンテナにならないよう，受動側回路のグラウンドを強化する必要があります．そして，ノ

イズから保護をしたい回路を覆い，すきまを最小限として電界が侵入しないようにするのが望ましいのです．

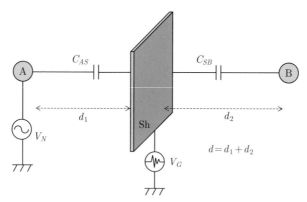

図 3.8　グラウンドノイズ V_G が導体 B に誘導（等価回路）

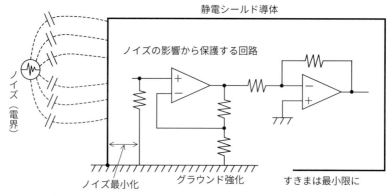

図 3.9　受ける側にとってクリーンなグラウンドの原則

3.3 磁気シールド

　磁気シールドは，磁界による影響を減少させるシールドで，波動インピーダンスの低い誘導電磁界に適用します．

3.3.1 磁気シールドの原理と特徴

　磁気シールドの原理は，磁気シールドの磁気抵抗を低くして内部に磁力線を集中させて外部の磁力線を減少させることです．**図 3.10** は，発生源に対する磁気シールドの原理を断面の模式図で示したものです．発生源を磁気シールドで覆うことにより，発生源からの磁力線（破線で示す）を磁気シールド部分に集中させ，外部に出る磁力線を抑えるのです．また，**図 3.11** は受動側に対する磁気シールドの原理を断面の模式図で示したものです．この場合は，受動側を磁気シールドで覆うことにより，外部からの磁力線を磁気シールド部分に集中させ，受動側への磁力線を抑えています．

　磁気シールドを効果的に行うためには，高い**透磁率**をもった材料で必要な厚みをもたせて磁気抵抗を低くします．**表 3.1** は，各種材料の**比導電率** G_r と**比透磁率** μ_r の値を示したものです．この中で磁気シールド特性が優れているのは，μ_r のもっとも高いパーマロイです．銅やアルミニウムは $\mu_r = 1.0$ で空気と同じ値ですので，**磁気シールド効果**はありません．なお，表 3.1 に示された材料の μ_r の

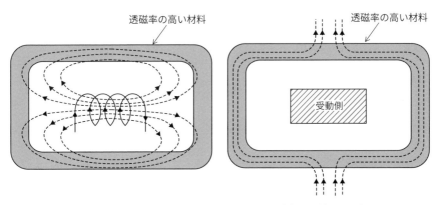

図 3.10　発生源に対する磁気シールドの原理　　**図 3.11**　被妨害系に対する磁気シールドの原理

値は，周波数 100 Hz のときの値で，周波数が高くなると値が低下します．例えば，**パーマロイ**は μ_r が低周波では非常に高いのですが，1 kHz 付近から急激に低下してしまいます．μ_r の高い材料を使用したつもりでも，影響を受けているのが高い周波数の磁界で，その周波数における μ_r が低ければ，磁気シールド効果は期待できません．表 3.1 に記載していない各種 μ_r の値が高い材料についても，一般的に周波数の上昇に伴って μ_r の値が低くなる傾向があります．なお，高い周波数の磁界に対しては，電磁誘導による電磁シールド（後述 3.4 節参照）を用います．

表 3.1　各種材料の比導電率 G_r および比透磁率 μ_r の値

材　質	比導電率 G_r	比透磁率 μ_r (@100 Hz)
銅	1	1
アルミニウム	0.61	1
鉄	0.17	1000
パーマロイ	0.03	80000

磁気シールドの特徴・注意点を以下にまとめます．

① 透磁率の高い材料で覆い，材料エッジから遠ざける
　　材料エッジには磁力線が集中していますので，距離を離す必要があります．
② 磁気シールド材料の厚みが厚いほうがシールド効果が高い
　　磁気シールド材料を厚くして磁力線をできるだけ多く集中させたほうが，外部の磁力線を少なくできます．また，シールドを2重や3重に重ねると，その分だけシールド効果が高まります．
③ 低い周波数の磁界のノイズに使用するのが原則
　　上記で述べたように高い周波数では μ_r が低下する材質が多く，シールド効果が低下します
④ グラウンドは不要
　　磁界が対象ですので，原理的にグラウンドは関係しません．そのため，通常はグラウンドには接続しません．グラウンドを接続したときは，磁気シールド材料は一般的に導電性が低いとはいえ，磁気シールドへのグラウンドからのノイズ誘導に注意が必要となります．

● 3.3.2 円筒状磁気シールドのシールド効果算出

磁気シールドを行う場合，あらかじめ**シールド効果**を計算しておくと役に立ちます．

図 3.12 に示すような無限長の円筒状の磁気シールド材料によるシールド効果 S の算出には，式 (3.5) の **Wills の式**が知られています[15]．

$$S = \frac{H_e}{H_i} = \frac{\mu_r t}{2r} \tag{3.5}$$

ここに，H_e：外部磁界強度，H_i：円筒内中心部の磁界強度
μ_r：シールド材料の比透磁率，t：シールド材料の厚み
r：円筒半径

シールド効果はデシベルで表すことが多く，そのときは式 (3.6) となります．

$$S = 20 \log \frac{\mu_r t}{2r} \ \text{〔dB〕} \tag{3.6}$$

式 (3.5)，(3.6) から，シールド円筒半径 r を大きく（シールド空間を大きく）したいときは，厚み t を円筒半径 r と同じ倍率で大きくすれば，同一のシールド効果を得ることができます．

例えば，$\mu_r = 30000$，$r = 300\,\text{mm}$，$t = 2\,\text{mm}$ のときのシールド効果 S は，式

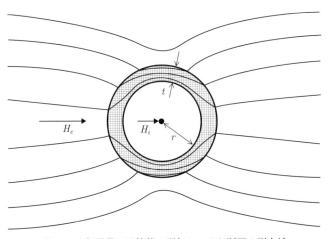

図 3.12 無限長の円筒状の磁気シールド断面の磁力線

(3.5) に代入して次のように計算できます.

$$S = \frac{\mu_r \cdot t}{2r} = \frac{3 \times 10^4 \cdot 0.002}{2 \cdot 0.3} = 100$$

　この r を 2 倍の 600 mm としたときには, t を 2 倍の 4 mm とすれば, 同一のシールド効果 $S = 100$ が得られる計算になります. なお, $S = 100$ を dB で表すと, 40 dB となります.

　式 (3.6) により, 無限長の円筒の半径と磁気シールド効果の関係をグラフで表したものを**図 3.13** に示します. 3 本の曲線は, $\mu_r = 30000$, パーマロイ $t = 2$ mm と $t = 0.5$ mm の特性, および $\mu_r = 1000$, 鉄 $t = 1.6$ mm の特性を表しています. なお, 実際の磁気シールドは無限長とみなせないことが多く, そのときは, 開口部からの距離を考慮してマージンをみる必要があります.

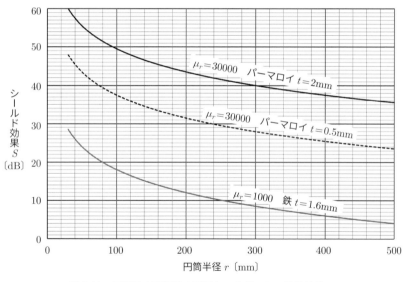

図 3.13　無限長の円筒状の磁気シールドのシールド効果

■3.3.3　磁気シールドと磁性シートの違い

　磁性シートと呼ばれる薄い板が市販されています. これは, 磁性体により磁界を磁性体に集中させるシートで, 原理としては磁気シールドと同様ですが, 目的

と特性が異なります．磁性シートの目的は，アンテナ周辺の金属によるアンテナの効率低下を防ぐためのものです．図 **3.14**(a) に示すように，アンテナ近くに金属があると，金属に渦電流が流れてアンテナから発生する磁界と反対方向の磁界が発生し，アンテナの効率が低下します．このとき，図 3.14(b) のように磁性シートを金属との間に挟むと，磁力線が磁性シート内に集中し，金属部に流れる電流を減少させることができます．磁性シートは高周波においても μ_r が 100 程度の比透磁率をもち，周辺金属の影響が緩和されるのです．ただし，磁性シートの μ_r はそれほど高くありませんので，磁気シールドとして使用しても，シールド効果はほとんど期待できません．

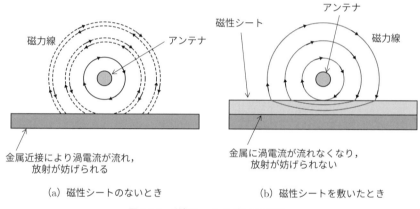

(a) 磁性シートのないとき　　　　(b) 磁性シートを敷いたとき

図 3.14　磁気シートの使い方の例

3.4　電磁誘導による電磁シールド

電磁誘導による電磁シールドは，磁界に対するシールドで，波動インピーダンスの低い**誘導電磁界**に適用します．シールド対象が磁界の点は磁気シールドと共通ですが，磁気シールドが通常低い周波数に適用するのとは対照的に，電磁誘導による電磁シールドでは一定以上の高い周波数に適用します．また，このシールド方法は，シールド対象を完全に覆わなくても効果が得られる利点があります．

🔲 3.4.1　電磁誘導による電磁シールドの原理と特徴

　図 3.15 は，電磁誘導による電磁シールドの原理を模式図で示したものです．まず，ノイズ発生源からの高周波電流が導体に流れると，高周波の磁界が発生します．このときの高周波の磁力線が近くのシールド導体を貫くことで，シールド導体に**誘導電流**（磁力線を妨げる向きの渦電流）が流れます．この誘導電流により発生する磁力線は，ノイズ発生源からの磁力線と反対方向で打ち消しあうため，シールド効果が得られる原理です．

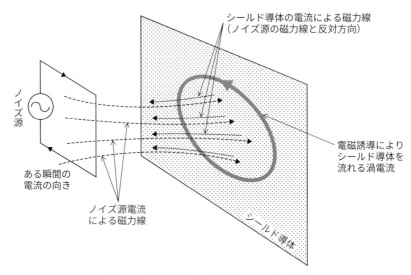

図 3.15　電磁誘導による電磁シールドの原理

電磁誘導による電磁シールドの数式解析

　電磁誘導による電磁シールドは，トランス（変圧器）の動作と同様と考えられます．図 3.16 に電磁誘導による電磁シールドの等価回路を示します．なお，M はノイズ源の導体とシールド導体間の相互インダクタンス，L_S はシールド導体の自己インダクタンス，r_S はシールド導体の抵抗分です．

　この等価回路において，ループ解析により式 (3.7) が成り立ちます．

$$I_S(r_S + j\omega L_S) - j\omega M I_N = 0$$
$$\therefore\quad I_S = \frac{j\omega M I_N}{r_S + j\omega L_S} \tag{3.7}$$

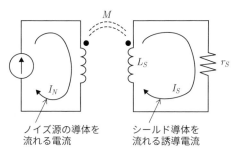

図 3.16　電磁誘導による電磁シールドの等価回路

　シールド導体を流れる誘導電流 I_S が大きいほど，シールド導体から発生する磁力線が増えてノイズ源の磁力線を相殺（キャンセル）してくれますので，電磁シールド効果が高くなります．電流 I_S を大きくするには，式 (3.7) において，シールド導体の抵抗分 r_S を低くし，相互インダクタンス M を大きくします．M を大きくするには，ノイズ源の電流経路とシールド導体との距離を近づけます．

　また，式 (3.7) から電流の大きさ $|I_S|$ を求め，分母と分子を ωM で割ると，式 (3.8) が得られます．

$$
\begin{aligned}
\left| I_S \right| &= \frac{\omega M}{\sqrt{r_S^2 + \omega^2 L_S^2}} \left| I_N \right| \\
&= \frac{1}{\sqrt{\left(\dfrac{r_S}{\omega M} \right)^2 + \left(\dfrac{L_S}{M} \right)^2}} \left| I_N \right|
\end{aligned}
\tag{3.8}
$$

　式 (3.8) において，周波数 f が高くなるにつれて $\omega = 2\pi f$ が増加し，I_S が大きくなります．そして，ωM が r_s に比べて十分大きくなると式 (3.9) となり，I_S が飽和して一定となります．

$$
|I_S| = \frac{M}{L_S} |I_N|
\tag{3.9}
$$

　式 (3.8) により，$|I_S|$ の周波数特性を図 3.17 に示します．縦軸の誘導電流の値は，飽和したときの値 $\dfrac{M}{L_S} |I_N|$ に対する比をスケールとしています．3 本の曲線は，r_S の値が 0.01 Ω，0.2 Ω そして 1 Ω のときの誘導電流 I_S の周波数特性を表しています．$r_S = 0.01$ Ω は導電性の良好なシールド導体で，1 kHz の低周波か

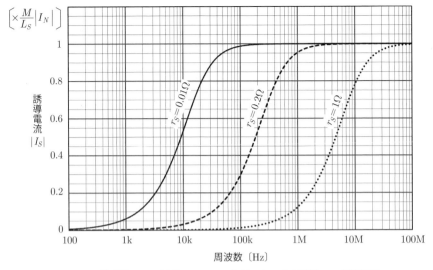

図 3.17　電磁誘導による電磁シールドにおけるシールド導体への誘導電流

ら電流が流れだして 100 kHz 程度になると最大値となって飽和します．一方，$r_S = 1\,\Omega$ は導電性のあまりよくないシールド導体で，1 MHz 程度まで周波数が上昇しないと電流が流れださず 100 MHz 程度になってやっと最大値になります．ノイズの周波数は広帯域の周波数成分を含んでいることが多く，導電性の良好な導体のほうが電磁シールドに適しているといえます．

電磁誘導による電磁シールドの特徴・注意点

　電磁誘導による電磁シールドの特徴・注意点を以下の①〜⑦にまとめます．

① 　導電性の高いシールド材料を使い，スリットなどで誘導電流を妨げない
　　電磁シールド導体の抵抗分を下げ，スリットなどで誘導電流 I_S を妨げないよう注意します．I_S が大きいほど**電磁シールド効果**が高まります．

② 　電磁シールド導体をノイズ発生源の電流経路に近接させる
　　シールド導体を発生源・電流ルートに近づけることで，相互インダクタンスが増して I_S が大きくなり，電磁シールド効果が高まります．

③ 　高い周波数の磁界に対して使用する
　　ノイズの周波数 f が低いと，シールド導体の抵抗分の影響が大きく現れて，I_S が小さくなり，電磁シールド効果が低下します．なお，低い周波数では，

磁気シールド（本章3.3節参照）を用います.

④　シールド対象を完全に覆わなくてもよい

誘導電流 I_S をシールド導体に流してノイズの磁界が相殺できれば，シールド対象を覆っていなくても（例えば，1枚の平板であっても）シールド効果が得られます.

⑤　グラウンドは不要

磁界によるシールド作用ですので，原理的にグラウンドは不要です. しかし，静電シールド効果を同時に期待してグラウンドに接続することも，ときどき行われています. ただし，グラウンドに接続したためのノイズ増加の副作用の発生事例も散見され，グラウンド接続する場合は，シールド導体にノイズが重畳しないよう細心の注意を払う必要があります（本章3.2節参照）.

3.5　電磁波に対する電磁シールド

電磁波に対する電磁シールドは EMI/EMC 対策として広く用いられるため，単にシールドというと，多くの場合この電磁波に対する電磁シールドを指します. そのため，静電シールドや磁気シールド，電磁誘導による電磁シールドなど他の種類のシールドに対する認識がおろそかになって，混同されることがあります. このような誤解は，設計不備やコスト増大に結び付くことがあり，注意が必要です.

3.5.1　電磁波に対する電磁シールドの原理

電磁波に対する電磁シールドは，波動インピーダンスが $377\,\Omega$ の放射電磁界，すなわち電磁波に適用します. 対象となる電子機器・装置や回路を導電性のある材料ですきまのないように覆うことによって，電磁波を遮断することが基本になります. 高い周波数では波長 λ が短いため，発生源から少し離れるだけで $\frac{\lambda}{2\pi}$ 以上の距離（放射電磁界の領域）となり，電磁波が支配的になります.

シェルクノフの式に基づいた理論

電磁シールドに対する理論として，古くからシェルクノフ（Schelkunoff）の式に基づいた理論がよく知られています. この理論では，**図 3.18** に示す無限大の

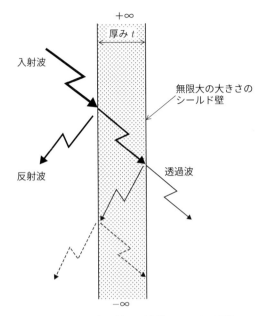

図 3.18　電磁波に対する電磁シールドの理論

大きさの**シールド壁**を想定し，**電磁シールド効果**は式 (3.10) で与えられます．

$$S = A + R + M \ \text{(dB)} \tag{3.10}$$

ここに，A：吸収損失〔dB〕，R：反射損失〔dB〕

　　　　M：シールド内部反射損失〔dB〕

　各損失は，周波数，材料の導電率，透磁率（導磁率）によって変化します．なお，M は A が 10 dB 以上のときは無視でき，無視できることが多いです[9]．誘導電磁界に対しては別の式がありますが，誤差が多いため，誤差の少ない放射電磁界の領域（電磁波）の式について，以下に述べます．

　吸収損失 A はシールド材料を透過する際の損失で，式 (3.11) で計算されます．

$$A = 131.4 \times t\sqrt{f\mu_r\sigma_r} \ \ \text{(dB)} \tag{3.11}$$

ここに，t：シールド材料の厚み〔m〕，μ_r：シールド材料の比透磁率

　　　　σ_r：シールド材料の比導電率

　反射損失 R は，電磁波の波動インピーダンス 377 Ω とシールド材料の波動イ

ンピーダンスの差による反射による損失で，式 (3.12) で計算されます.

$$R = 168.2 + 10 \log \frac{\sigma_r}{f \mu_r} \ \text{〔dB〕} \tag{3.12}$$

図 3.19 は 0.2 mm の銅板について，また，**図 3.20** は 0.2 mm の鉄板について，式 (3.11)，(3.12) により放射電磁界に対する A および R を計算してグラフ化したものです．吸収損失は銅板より鉄板のほうが大きく，反射損失は反対に鉄板より銅板のほうが大きいことがわかります．ここで，吸収損失と反射損失を加えたシールド効果を見ると，100 kHz ～ 1 GHz のすべての周波数において100 dB を超える非常に大きな数値となっています．なお，材料の厚みを増やすと，反射損失は変化がありませんが，吸収損失はさらに大きな数値になります．

電磁波に対する電磁シールドの材料としては，上記で述べた銅，鉄以外でもアルミなど導電性の材料であれば，計算上 100 dB 以上の非常に大きなシールド効果となります．

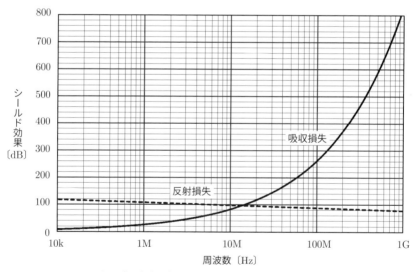

図 3.19　無限大の銅板（厚み 0.2 mm）の電磁波シールド効果
　　　　（シェルクノフの式による計算結果）

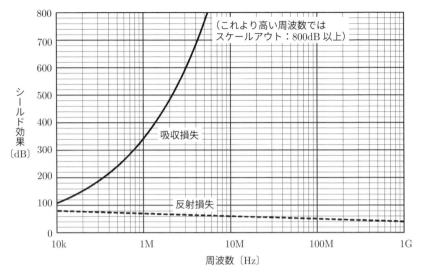

図 3.20　無限大の鉄板（厚み 0.2 mm）の電磁波シールド効果
（シェルクノフの式による計算結果）

● 3.5.2　電磁波に対する電磁シールドのすきまの影響

　シェルクノフの式によると，100 dB 以上，高い周波数では数百 dB を超える
シールド効果が得られることになりますが，このような非常に高いシールド効果
を得ることは現実には不可能といえます．この主な原因は，シールドにすきまが
あるためです．

　実際の電子機器・装置には，通風孔や金属板どうしの接続部のすきま，導体で
覆われない表示部などがあります．シールド効果 S は，これらのシールド導体
のすきまの面積ではなく長さによって決まり，式 (3.13) で目安の値を計算でき
ます[5]．

$$S = 20 \log\left(\frac{\lambda}{2l}\right) \ \text{〔dB〕} \tag{3.13}$$

　ここに，λ：ノイズの波長，l：開口部の最大長（ただし，$2l \leq \lambda$）

　上記の開口部の最大長 l は，**図 3.21**(a)(b) に示す l_1, l_2 の寸法です．図
3.21(a) のように，すきまの幅 t_1 が μm 単位の狭いスリット状の場合でも，すき
まの幅にあまり関係せずに長さ l_1 に依存して電磁波は通過してきます．そして，

図 3.21 (b) のようにすきまの幅が広い場合は，最大長に相当する対角線の寸法 l_2 に依存します.

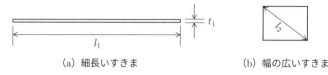

（a）細長いすきま　　　　　　　（b）幅の広いすきま

図 3.21　シールド材料のすきまの開口部最大長 l（図中 l_1, l_2）

　式 (3.13) から 20 dB のシールド効果を得るためのすきまの寸法は，$l = \dfrac{\lambda}{20}$，例えば 100 MHz であれば $\lambda = 3$ m ですから $l = \dfrac{3}{20} = 0.15$ m となります．また，シールド効果を 40 dB とするためには，$l = \dfrac{\lambda}{200}$，すなわち $l = \dfrac{3}{200} = 0.015$ m と計算されます．このように，あらかじめ計算を行うことで，シールド設計を行う際の有効な指標となります.

　設計者がこのようなすきまを意識していないことも多くあります．例えば，金属板どうしが接触しているようでも接触圧が不十分であったり，金属板への塗装やメッキなどで導電性が不十分になったりすることがよく起こります．例えば，メッキにおいて有色クロメート処理が広く用いられていますが，導電性はよくありません．また，**図 3.22** に示すようなねじ止め間隔において細長いすきまがで

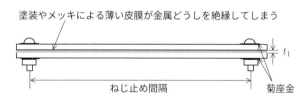

塗装やメッキによる薄い皮膜が金属どうしを絶縁してしまう

ねじ止め間隔　　　　　菊座金

図 3.22　メッキによる細長いすきまの発生例（断面図）

電磁波は狭い隙間でも通れるって！忍者みたいだな

きている場合や，デザイン上の細長いスリットを入れた場合など，多くのケースでシールド効果低下の要因となっています。

　金属どうしの接続を十分に確保するためには，導電性メッキ鋼板や導電性の高いメッキ処理（ニッケルメッキなど）を使用するとともに，長いすきまをつくらないことを徹底する必要があります。長いすきまをつくらない具体策は，目標とするシールド効果が得られるよう，式 (3.13) の計算により，設計時点から溶接やねじ止めの間隔を決めることがまず必要です。そして，金属板どうしを面接触させたうえでねじ止め接続することが，接続強化のうえで有効です。さらに必要に応じて面接触部を露出させて導電性テープなどで接続強化を行います。

　開口部が複数あるとシールド効果が低下します。**図 3.23** に示すような同一寸法の開口部が n 個近接してあった場合，シールド効果の低下量 S_n の目安は，式 (3.14) で計算されます[5]。

$$S_n = 20 \log \sqrt{n} \quad 〔\mathrm{dB}〕 \tag{3.14}$$

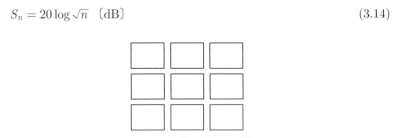

図 3.23　複数のすきまの例

　図 3.24 は，式 (3.13)，(3.14) をグラフ化したものです。例えば，開口部が 1 か所の場合，すきまの長さが $l=15\,\mathrm{cm}$ のときのシールド効果は，20 dB@100 MHz，$l=15\,\mathrm{mm}$ とすると 40 dB@100 MHz に高まることが読み取れます。また，すきま（$l=15\,\mathrm{mm}$）の数によるシールド効果変化では，すきま 1 個では 40 dB@100 MHz であったものが，4 個あると 34 dB@100 MHz，16 個あると 28 dB@100 MHz というように低下していくことがわかります。

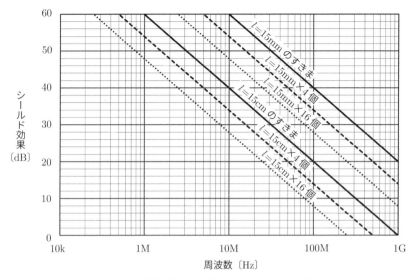

図 3.24　すきまがある場合の電磁波に対するシールド効果

3.6　プラスチックのシールド処理

　量産性・軽量性に優れたプラスチックケースですが，そのままではシールド効果がありません．しかし，プラスチックにシールド処理を施すことでシールド効果をもたせることができます．

3.6.1　プラスチックのシールド処理方法

〔1〕金属溶射

　金属をアークの熱で瞬間的に溶融させるとともに，圧縮空気で霧状にしてプラスチックケースに吹き付ける方法です．材料としては亜鉛を使うのが一般的です．溶融金属がプラスチック表面に導電層が積み重なって形成されます．膜厚が $50 \sim 100\,\mu\mathrm{m}$ と比較的厚く，導電性も良好なため，シールド効果が高い利点があります．ただし，プラスチック表面への密着性が劣るため，経年変化に対する課題があります．UL（Underwriters Laboratories：米国の安全機関）では，古く

から溶射膜の剥離の可能性を問題視し，試験を強化しています．また，生産側の課題ですが，特別な溶射装置が必要で，金属蒸気の凝集物が飛散するため十分な防護を行わないと，吸入することによって金属ヒューム熱を発症します．

〔2〕無電解メッキ

メッキ可能なプラスチックに対し，銅の上にニッケル保護層を組み合わせた2層構造の化学メッキを行うシールド処理方法です．対象のプラスチックケースの形状に制限がなく，全体に金属被膜処理が行われます．金属皮膜厚が1 μm程度と薄いながらばらつきが小さく，安定したシールド効果が得られる利点があります．ただし，マスキングが困難なことと，生産性が低いことから高コストになることが課題です．

〔3〕真空蒸着

真空蒸着は，図3.25に示すように，真空容器中でアルミニウムなど低融点金属を蒸発させ，対象のプラスチックケースに金属被膜を形成する方法です．真空にする理由は，金属の蒸発温度を下げるためと，蒸発した金属粒子が空気分子に衝突することなくプラスチック表面に到達して均一に被膜形成させるためです．

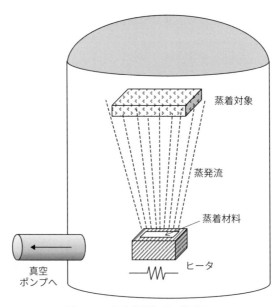

図3.25　真空蒸着処理の模式図

金属膜厚は 0.5 ～ 1 μm 程度で薄いですが，純度の高い被膜ができる利点があります．真空容器の大きさで制限を受けること，そして高価な特別な装置が必要で生産性が低いことから，高コストとなることが課題です．

〔4〕導電塗料

金属粉を塗料に混入させたものをプラスチック表面に塗布する方法です．膜厚を 50 μm 以上に厚くすることもできますが，導電性が十分とはいえず，導電特性のばらつきが大きいこと，密着性が経年変化で低下してくる点などの課題があります．一般的な塗装設備でよいため設備費がかからず，広く普及しています．

金属粉には，ニッケル，銅，銀があります．ニッケル粉は酸化しにくくコストも比較的安価ですが，シールド効果が劣ることから，銅系の粉に移行しています．また，銀粉は，銅系の粉に比べて低い周波数から高い周波数までシールド効果が良好で使用されるようになってきましたが，コストが高いのが課題です．

〔5〕導電性プラスチック

導電性プラスチックは，導電性繊維（フィラー）をプラスチックに練り込み成型する方法です．量産性が高く，導電膜剥離などの問題も発生しない利点があります．しかし，一般的に導電性が劣り，シールド効果（特に磁界に対するシールド効果）が低い欠点があります．導電性を高めるためには，導電性繊維の比率を高めるとよいのですが，それによって重量が増してしまい，軽量のプラスチックの利点がなくなってしまいます．また，通常，表面の化粧塗装が必要となり，結局コストが高くなってしまうことなど課題があります．

3.6.2　プラスチックのシールド処理における課題

プラスチックのシールド処理を行ったときのシールド効果は，シールド処理方法による差が大きいだけでなく，共通する以下のような副作用やシールド特性の悪化に注意する必要があります．

① 導電性が不十分なシールド処理

シールド処理で導電性が不十分な場合，**図 3.26** に示すように，ノイズ電流や電源電流が流れるとシールド上に大きなノイズ電圧が発生することがあります．特に，導電塗装や導電性樹脂によるシールド処理は抵抗分が大きいことが多く，金属のシールドと同じような設計をするとトラブルの原因となり

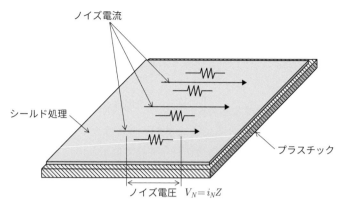

図 3.26　シールド処理における抵抗分の影響（模式図）

ます．導電塗装など導電性が不十分なシールド処理での重要なポイントは，シールド部分に電流を流さないように細心の注意が必要な点です．そして，回路系からの電流をシールドに流さなくしても，高い周波数の静電誘導電流でノイズが発生することがあります．また，シールドに電流が十分流れないので，電磁誘導による電磁シールド効果はあまり期待できません．

② シールドどうしの不十分な接続

プラスチックケース内部にプリント基板などを出し入れする必要性から，ケースを完全一体化することは難しく，図 3.27 のようにシールドどうしを接続する必要があります．このとき，シールド処理部分の抵抗分が大きいものでは，不十分な接続が発生しやすくなります．プラスチック材料へねじの締め付けトルクを大きくできないこともあり，接続の抵抗値が十分低くできずにシールド効果が低下します．なお，導電塗装では，ケース組み立て後に接続部分のすきまへも導電塗装をして接続性を高める方法をとることがありますが，内部メンテナンスが難しくなる問題が残ります．

③ 信号コネクタ・グラウンドとの不十分な接続

信号ケーブルはアンテナになりやすく，ノイズが重畳しないように信号ケーブルのグラウンドとケースのシールドを低インピーダンス接続することが基本です．しかし，プラスチックケースのシールド処理部分とコネクタ導体との接続は，上記①および②の理由から接続するか否かも含めて検討が必要です．

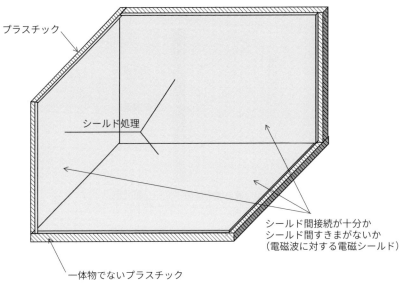

プラスチック

シールド処理

シールド間接続が十分か
シールド間すきまがないか
（電磁波に対する電磁シールド）

一体物でないプラスチック

図 3.27　シールドどうしの接続（模式図）

④　シールド処理の耐久性

　プラスチックへのシールド処理の導電被膜は薄い場合が多く，可動部分や圧力印加部分で耐久性が十分でないことがあり，メンテナンス回数も含めて検討が必要です．

3.7　電波吸収体

　シールドと似て非なものとして**電波吸収体**があり，EMC など測定用電波暗室などで使われています．ただし，空間ノイズを除去するつもりでシールドと同様の使い方をしても，多くの場合，思った効果が現われてくれません．

3.7.1　電波吸収体とは

　電波吸収体は，到来する電磁波を吸収して減衰させ反射を防止するものです．
図 3.28 に電波吸収体のイメージ模式図を示します．各種の電波吸収体材料がもっている性質，すなわち磁気的損失や抵抗損失，あるいは誘電損失によって電

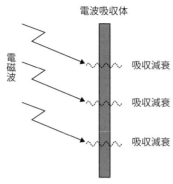

図 3.28　電波吸収体のイメージ模式図

磁波を熱に変換して減衰させるのです.

　一方のシールド（本章 3.1 〜 3.6 節）は，空間から伝搬してくるノイズ（電界，磁界，または電磁波）を反射やバイパスすることで抑制するもので，吸収が行われない点が異なります.

　電波吸収体は，EMC 測定用電波暗室以外にも通信機器内の電磁波反射防止やステルス戦闘機（レーダーに映りにくい機体）などに使われています.

　電波吸収体には，次の代表的な種類があります.

①　磁気損失による電波吸収体
②　反射波の位相差による電波吸収体
③　誘電損失による電波吸収体

3.7.2　電波吸収体の種類

〔1〕磁気損失による電波吸収体

　磁気損失による電波吸収体は平面状の単層構造が一般的で，吸収材料の磁気損失によって電磁波を吸収する原理です. 図 3.29 に示すように，電磁波がこの電波吸収体に到来すると吸収体内部に電流が流れて磁界が発生しますが，周波数が高くなると磁束の変化に遅れが生じて電気抵抗が現れます. 抵抗は電磁波エネルギーを熱に変換して損失が発生，電磁波が吸収されることになります. なお，吸収体表面のインピーダンスを電磁波の波動インピーダンス 377 Ω と合わせることで，電磁波が吸収体に入射するときの反射を減らすことができます.

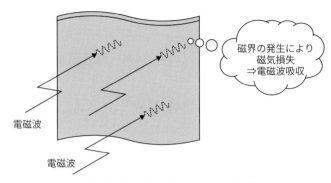

図 3.29　磁気損失による電波吸収体の原理

電波吸収シート

　電波吸収シートは，シリコンやゴムの中にフェライトやセンダスト（磁性金属）粉末を入れてシート状にしたものです．数百 MHz 〜数 GHz で電波吸収効果があり，比較的ゆるやかな周波数特性をもちます．

　図 3.30(a) は，電波吸収シートの反射減衰特性例，図 3.30(b) は透過減衰特性例を示したものです．この反射減衰特性の例では，電波吸収体に入射した電磁波の反射は 2.5 GHz 付近でもっとも少なくなり，反射減衰量が 9 dB 弱です．反射減衰量は，吸収体材料の厚みが厚いほど増加します．また，この透過減衰特性の例では，入射電磁波の周波数が高くなるほど透過減衰が多くなり，5 GHz での透過減衰量は 16 dB ほどあります．

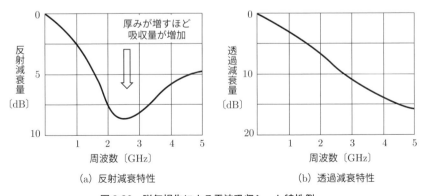

図 3.30　磁気損失による電波吸収シート特性例

　図 3.31 のように，磁気損失による電波吸収シートを EMI 低減のため LSI や基板に貼る例がありますが，期待するほど効果が得られないことが多いです．吸収できる周波数，減衰量，透磁率やシートサイズなどの不適合があるからです．

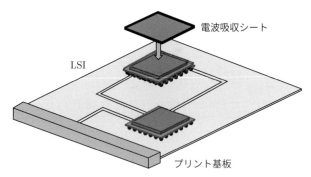

電波吸収シート

LSI

プリント基板

図 3.31　磁気損失による電波吸収シート使用例

　フェライトも磁気損失による電波吸収体として代表的な材料です．数十〜数百MHz の比較的低い周波数範囲で電磁波吸収効果があり，比較的ゆるやかな周波数特性を示します．高い周波数範囲の電磁波吸収体と組み合わせて広帯域の電波暗室などに使われています．

〔2〕反射位相差による電波吸収体

　反射位相差による電波吸収体は，吸収体材料の裏に金属板を貼ることで電磁波を反射させ，前面からの電磁波と打ち消し合うことで吸収特性を高める原理です．図 3.32 にこの電波吸収体の原理（模式図）を示します．表面を電磁波の波動インピーダンス 377 Ω と合わせた抵抗被膜で覆って反射を減らすとともに，吸収周波数に合わせて吸収体の厚みを $\frac{1}{4}$ 波長とします．吸収体の厚みを $\frac{1}{4}$ 波長（誘電体では $\frac{\lambda}{4\sqrt{\varepsilon_r}}$ ）とすることで反射位相が 180° ずれて入射波と相殺されるため，反射減衰量が最大となります．吸収体の厚みによって吸収する周波数が決まるのが特徴で，製品としてある程度の厚みに抑えるため高い周波数に対応したものが一般的です．例えば，$\varepsilon_r = 1$ のとき 10 GHz で厚み 7.5 mm，2.4 GHz では31 mm となります．

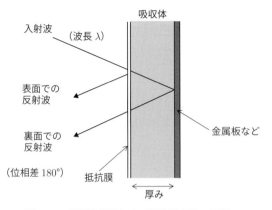

図 3.32 反射位相差による電波吸収体の原理

図 3.33 に反射位相差による電波吸収体の 2 種類の概略特性例を示します．一方は周波数 6 GHz で最大反射減衰量 25 dB，もう一方は周波数 9.5 GHz で最大反射減衰量 22 dB ほどの特性をもっており，共振周波数ではかなり大きな反射減衰が得られています．

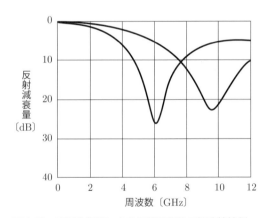

図 3.33 反射位相差による電波吸収体の概略特性例

マイクロ波の増幅器への適用

電波吸収体は，マイクロ波の増幅器などの金属シールドボックスの共振防止に広く使われています．図 3.34 に示す金属シールドボックス内にマイクロ波回路基板が実装されたとき，金属面の反射によって電磁波の定在波が発生します．定在波が発生すると，回路間結合による特性悪化やスプリアス増加などの問題が起

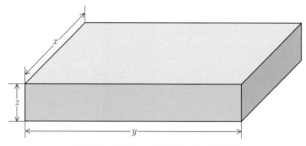

図 3.34　金属シールドボックスの寸法

こります．このようなとき，**図 3.35** のように電波吸収体を金属内面に貼ることで，電磁波の反射を低減させ，定在波発生を防止することができます．

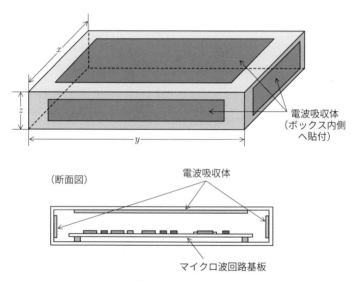

図 3.35　電波吸収体の貼り付け箇所（ボックス内側）

なお，金属シールドボックスの共振周波数 f_{lmn}（共振モード l, m, n）は，式 (3.15) で近似されます．

$$f_{lmn} = \frac{c}{2\sqrt{\varepsilon_r}} \sqrt{\left(\frac{l}{x}\right)^2 + \left(\frac{m}{y}\right)^2 + \left(\frac{n}{z}\right)^2} \tag{3.15}$$

ここに，ε_r：ボックス内絶縁体の比誘電率（空気 $\varepsilon_r = 1$）

c：真空中の電磁波の伝搬速度 $3.0 \times 10^8 \mathrm{m/s}$

l, m, n：共振モードの整数（0，1，2，…）

例えば，$x=5\,\mathrm{cm}$，$y=10\,\mathrm{cm}$，$z=2\,\mathrm{cm}$，$l=1$，$m=1$，$n=0$，$\varepsilon_r=1$ とした
とき，以下のように計算されます．

$$f_{lmn} = \frac{3.0 \times 10^8}{2} \sqrt{\left(\frac{1}{0.05}\right)^2 + \left(\frac{1}{0.1}\right)^2} = 3.4 \;\mathrm{[GHz]}$$

〔3〕誘電損失による電波吸収体

誘電損失による電波吸収体は，発泡性樹脂を基材にグラファイト（カーボン粒子）などを含侵させて成型したもので，ピラミッド型や山型の製品があります．カーボン粒子間の静電容量とカーボン粒子がもつ抵抗が複雑に結合しているため，高い周波数になると静電容量のインピーダンスが低下して抵抗に電流が流れ，損失が発生する原理です．図 3.36 に示すようなピラミッド型や山型にすることで，形状的に反射が少なくなるとともに，電磁波到来位置によって反射位相がずれるため，広帯域で電磁波吸収量の高い吸収体が実現できます．ただし，吸収周波数の下限がピラミッドの高さで決まるので，低い周波数まで吸収できる吸収体にするためには，形状が大きくなる欠点があります．

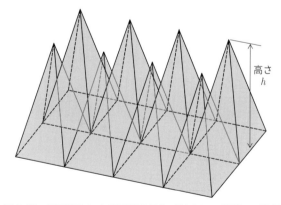

高さ
h

図 3.36　誘電損失による電波吸収体（ピラミッド型）の模式図

図 3.37 に誘電損失による電波吸収体の概略特性例（ピラミッドの高さ 10 cm，20 cm，60 cm）を示します．

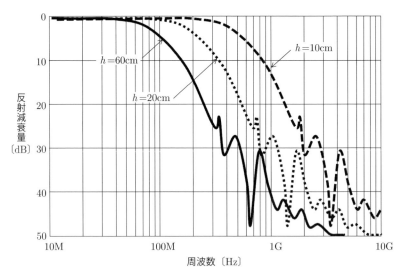

図 3.37　電波吸収体（ピラミッド型）の概略吸収特性

電波暗室の電波吸収体

　EMC 電波暗室の壁面に用いられる電波吸収体は，フェライト（磁気損失の吸収体）と誘電損失の吸収体を組み合わせた複合吸収体による方法が主流となっています．フェライト（厚さは 4 〜 7 mm 程度）は 30 〜 500 MHz 程度の周波数範囲，誘電損失の吸収体は 500 MHz 以上の電磁波吸収を受け持つことで，広帯域の電磁波の吸収ができるように設計されています．

　図 3.38 は電波暗室の例です．壁面全体がパネルに見えますが，絶縁パネルで隠された内側には誘電損失のピラミッド型吸収体とフェライトの吸収体が敷き詰められています．

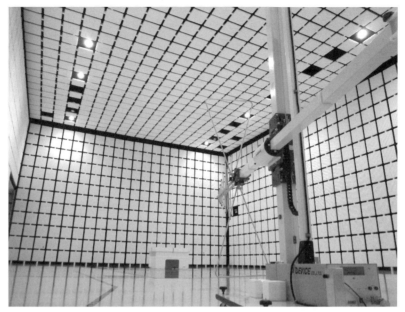

図 3.38　電波暗室の例（誘電損失の吸収体とフェライトの吸収体の複合吸収体）
画像提供：地方独立行政法人・東京都立産業技術研究センター

3.8　シールドの実験と考察

〔実験の目的〕

　シールドは空間から結合するノイズを低減させるものですが，シールド材質や波動インピーダンス（電界，磁界，電磁波）によってシールド効果が大きく異なります．各シールドの特性について以下の項目の実験を行い，理解を深めることが目的です．電界あるいは磁界に対する動作やグラウンドを付けたり外したりして調べることで，「電磁誘導による電磁シールド」「磁気シールド」そして「静電シールド」の実体をつかみましょう．

① 電磁誘導による電磁シールド

　　電磁誘導による電磁シールドは，高周波の磁界に対して発生源近傍でシールドする方法で，必ずしも発生源全体を覆わなくても効果があります．シールド材料，発生源との距離，周波数による違いについて実験で調べます．

157

② 磁気シールド

磁気シールドは，低周波の磁界に対して有効で，電磁誘導による電磁シールドが適用できないときに使用します．シールド材料による特性の違いについて実験で調べます．

③ 静電シールド

静電シールドは，低周波から高周波までの電界に対して有効です．シールド材料による特性の違い，グラウンドの必要性について実験で調べます．

〔実験セットアップ〕

図 3.39 に実験のセットアップの模式図を示します．ノイズ源としてファンクションジェネレータを使用し，その出力に矩形のループを接続して電流を流し，磁界を発生させます．また，同様の構成で，矩形ループ接続部のグラウンド側をオープンとし，電流を流さずに電圧のみ印加して電界を発生させます．発生源の矩形ループコイル 3 MHz 用（1 回巻）を**図 3.40**(a) に，矩形ループコイル30 kHz 用（10 回巻）を図 3.40(b) に示します．

受動側は，受信用ループコイル（共振型）とし，同軸ケーブルを経由してオシロスコープに入力して受信信号を観測します．なお，受信用ループコイルは，3脚上に取り付けて矩形ループから一定距離を離すように配置し，矩形ループとの間に各種シールド板を挿入しながら測定を行います．ここに，受信用ループコイル 3 MHz 用を**図 3.41** に，同 30 kHz 用を**図 3.42** に示します．

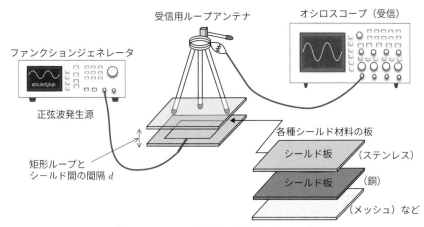

図 3.39　シールド効果の実験セットアップ

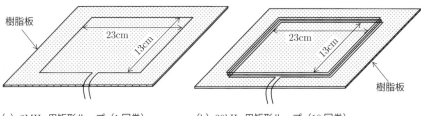

(a) 3MHz 用矩形ループ（1 回巻）　　　(b) 30kHz 用矩形ループ（10 回巻）

図 3.40　発生源 矩形ループ模式図

図 3.41　受信用ループアンテナ 3 MHz 用
（φ50mm 6 回巻）

図 3.42　受信用ループアンテナ 30 kHz 用
（φ75mm 6 回巻）

〔測定内容および実測結果〕

〔1〕電磁誘導による電磁シールドの実験その 1（周波数 3 MHz）

（測定内容）

　まず，ファンクションジェネレータから 3 MHz を出力し，シールド板を入れないときの受信ループアンテナ誘起電圧を観測します．これは，シールド板挿入時と比較をするための基準データになります．

　次に，**銅板**を発生源の矩形ループと受信用ループアンテナ間に入れ，「電磁誘導による電磁シールド」を想定したシールド効果を測定します．このとき，矩形ループコイルとシールド板との間隔 d を変化させて，シールド効果が変化するかどうかを調べます．

　さらに，シールド板として，**アルミ板，ステンレス板，ステンレス・メッシュ板**（メッシュ間隔 2.5 mm×2.5 mm），そして**ファインメット**（高透磁率シート 20 μm 厚）を順次挿入してシールド効果を測定します．

（実測結果）

　図 3.43 は，シールド板を入れないときの受信ループアンテナ誘起電圧をオシ

159

ロスコープにより観測したものです．正弦波 3 MHz，$1.7 \, V_{p-p}$ の電圧が観測され
ました．

図 3.44 は，シールド板として銅板を入れ，矩形ループコイルとの間隔を

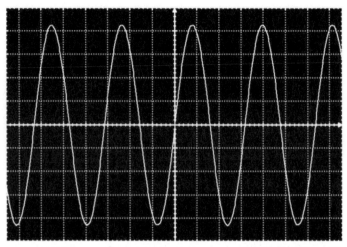

200 mV/div　100 ns/div

図 3.43　シールドなしの受信ループコイル誘起電圧
（発生磁界 3 MHz の受動側波形）

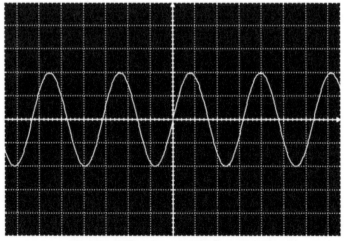

（a）銅板・間隔 11 cm　　200 mV/div　100 ns/div

図 3.44　銅板挿入時の受信ループコイル誘起電圧

(a) $d = 11$ cm, (b) $d = 4$ cm, (c) $d = 0$ cm と変化させたときの受信ループア
ンテナ誘起電圧波形です. シールド板を入れないときの 1.7 V_{p-p} と比べ, 間
隔 $d = 11$ cm で 800 mV_{p-p}, $d = 4$ cm で 400 mV_{p-p}, そして $d = 0$ cm のとき
50 mV_{p-p} と間隔が近いほど低減されています. 電磁誘導による電磁シールドは,

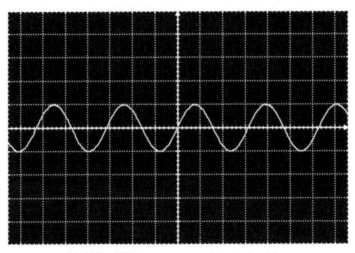

(b) 銅板・間隔 4 cm　　200 mV/div　100 ns/div

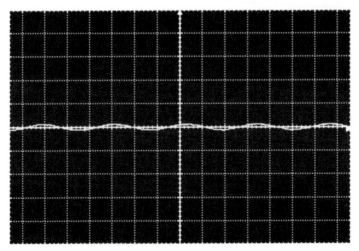

(c) 銅板・間隔 0 cm　　200 mV/div　100 ns/div

図 3.44（続き）

シールド板を発生源に近づけるほどシールド効果が高いことが確認できました．

表3.2 は，銅板 +4 種類のシールド板についての結果をまとめたものです．図 3.45 は，この表を比較グラフの形にしたものです．

表 3.2　磁界 3 MHz に対するシールド効果の測定結果

シールド材料	(a) $d=11$ cm	(b) $d=4$ cm	(c) $d=0$ cm
銅板 0.3 mm	800 mV$_{p\text{-}p}$ (6.5 dB)	400 mV$_{p\text{-}p}$ (12.5 dB)	50 mV$_{p\text{-}p}$ (31 dB)
アルミニウム板 0.3 mm	800 mV$_{p\text{-}p}$ (6.5 dB)	400 mV$_{p\text{-}p}$ (12.5 dB)	50 mV$_{p\text{-}p}$ (31 dB)
ステンレス板 0.3 mm	800 mV$_{p\text{-}p}$ (6.5 dB)	440 mV$_{p\text{-}p}$ (11.7 dB)	70 mV (28 dB)
ステンレスメッシュ板	1.09 V$_{p\text{-}p}$ (3.9 dB)	880 mV$_{p\text{-}p}$ (5.7 dB)	680 mV$_{p\text{-}p}$ (8 dB)
ファインメット 20 μm	1.65 V$_{p\text{-}p}$ (0.3 dB)	1.6 V$_{p\text{-}p}$ (0.5 dB)	1.45 V$_{p\text{-}p}$ (1.4 dB)

なお，すべてのシールド板の測定に対して，グラウンド接続（ファンクションジェネレータ GND に接続）を行いましたが，シールド効果に変わりがありませんでした．

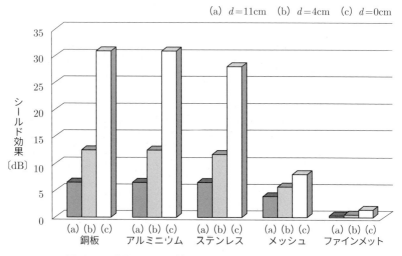

図 3.45　磁界 3 MHz に対するシールド効果比較グラフ

〔2〕電磁誘導による電磁シールドの実験その2（周波数30 kHz）

（測定内容）

　まず，発生源側を30 kHz用矩形ループコイル（図3.40(b)）に替え，受信ルー
プアンテナを30 kHz用（図3.42）に替えます．そして，ファンクションジェネ
レータから30 kHzを出力し，シールド板を入れない状態で測定をします．

　次に，各種シールド板を発生源の矩形ループと受信用ループアンテナ間に入
れ，シールド効果を測定します．上記〔1〕の周波数3 MHzのときと同様，矩形
ループコイルとの間隔を(a) $d = 11$ cm，(b) $d = 4$ cm，(c) $d = 0$ cmと変化させま
す．

（測定結果）

　図3.46は，シールド板を入れないときの受信ループアンテナ誘起電圧をオシ
ロスコープで観測したものです．正弦波30 kHz，81 mV$_{\text{p-p}}$の電圧が観測されま
した．この値は，30 kHzにおける基準データになります．

　そして，各種シールド板を入れたときの受信ループアンテナ誘起電圧の測定し
ました．その結果に対してシールド効果〔dB〕を計算し，グラフを図3.47に示
します．

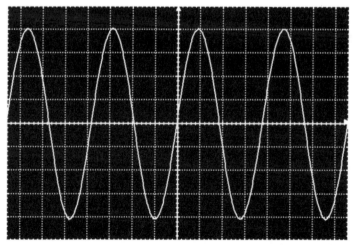

10 mV/div　10 μs/div

図3.46　シールドなしの受信ループコイル誘起電圧
（発生磁界30 kHzの受動側波形）

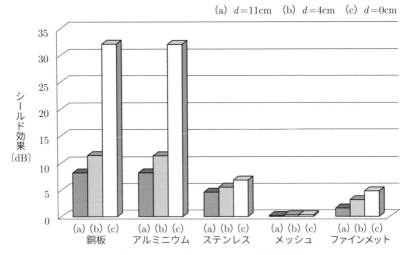

図 3.47　磁界 30 kHz に対するシールド効果比較グラフ

金属の種類でずいぶん
特性が違うんだな
うまく使い分けたら
ノイズに強い機械が
できるぞ！

〔3〕磁気シールドの実験
（測定内容）

　磁気シールド効果を確認するため周波数をさらに下げて測定を行います．実験では，**図 3.48** に示すように，商用 AC 100 V，50 Hz の配線経路に磁界発生用ループコイルを挿入し，負荷として電気ポット 1 kW を接続して電流を流しました．この磁界発生用ループコイルの上方 11 cm の位置に非共振の受信用ループ（直径 φ100 mm 14 回巻）をセットします．シールド板は，磁界発生源側ループコイルから 4 cm 上方の受信用ループの間に挿入します．なお，シールドとしては，銅板とファインメットを使用して測定を行います．
（測定結果）

　図 3.49 は，シールド板を入れないときの受信用ループの誘起電圧を観測した

ものです．正弦波 50Hz 35mV$_{p-p}$ 程度（細いノイズ分を除く）の電圧が観測され
ました．

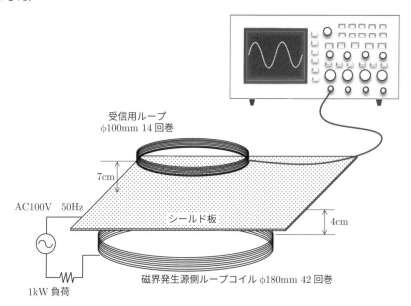

図 3.48　50 Hz 磁界シールド効果測定構成（模式図）

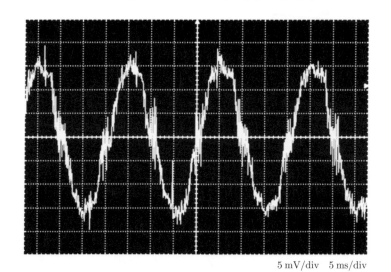

5 mV/div　5 ms/div

図 3.49　シールドなしの受信ループ誘起電圧
（発生磁界 50 Hz の受動側波形）

165

　次に，銅板を挿入したときの受信ループの誘起電圧波形を**図3.50**(a)に示します．シールド板を入れないときとほぼ同様の波高値で，シールド効果は確認できませんでした．ただし，シールド板を入れないときと比べ，細いノイズが若干少ない波形が観測されました．図3.50(b)は，ファインメット挿入時の受信ループの誘起電圧波形です．細いノイズを除いて比較すると，シールド板を入れないと

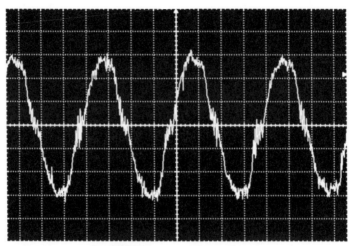

(a) 銅板挿入時　　5 mV/div　5 ms/div

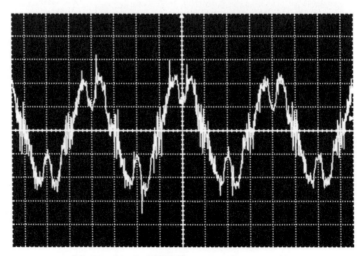

(b) ファインメット挿入時　　5 mV/div　5 ms/div

図3.50　各シールド挿入時の受信ループ誘起電圧

きの $30\mathrm{mV_{p-p}}$ に比べ，$20\mathrm{mV_{p-p}}$ と 50Hz 成分の減少が確認できました．

〔4〕静電シールドの実験

（測定内容）

　発生源側を 3 MHz 用矩形ループコイル（図 3.40(a)），受信ループアンテナを 3 MHz 用受信ループアンテナ（図 3.41）とします．ここで，矩形ループ接続部のグラウンド側をオープンとし，電流を流さずに電圧のみ印加して電界を発生させます．まず，シールド板を入れないときの受信ループアンテナ誘起電圧を観測し，シールド板と比較をするための基準データをとります．

　次に，銅板，ステンレス板，ステンレスメッシュ板を挿入（グラウンド接続なし）したときの受信ループアンテナ誘起電圧を観測します．

　そして，今度は，銅板，ステンレス板，ステンレスメッシュ板にグラウンド接続（ファンクションジェネレータ GND に接続）をした状態で挿入し，受信ループアンテナ誘起電圧を観測します．

（測定結果）

　図 3.51 は，シールド板を入れないときの受信ループアンテナ誘起電圧の観測結果です．正弦波 3 MHz，$90\,\mathrm{mV_{p-p}}$ の電圧が観測されました．

　次に，グラウンド接続しない状態で，銅板，ステンレス板，ステンレスメッ

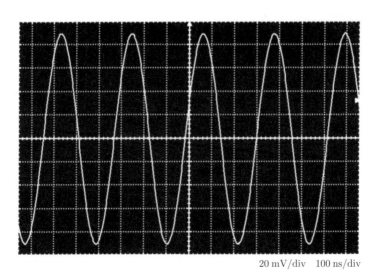

20 mV/div　100 ns/div

図 3.51　シールドなしの受信ループ誘起電圧
（電界 3 MHz の受動側波形）

167

シュ板を順次挿入し，受信ループアンテナ誘起電圧を観測しました．その結果，どのシールド板を入れても，図3.51の波形に何の変化もありませんでした．すなわち，電界に対しては各シールドを挿入しただけではシールド効果はまったくないことが確認されました．

　ここで，各シールドにグラウンド接続したときの結果を示します．**図3.52**(a)は，シールドとして銅板（GND接続）を挿入し，受信ループアンテナに誘起した電圧波形です．グラウンドを接続したことでシールド効果が現れ，90 mV$_{\text{p-p}}$が45 mV$_{\text{p-p}}$に減少しました（シールド効果6 dB）．ステンレス板（GND接続）としたときも，銅板とまったく同様の波形でしたので割愛します．ステンレスメッシュ板でも，まったく同様の波形でしたが，念のため図3.52(b)に示します．

〔解説と分析〕

〔1〕電磁誘導による電磁シールドの実験その1（周波数3 MHz）

　周波数3 MHzでの電磁誘導による電磁シールドの実験結果（まとめのグラフ，図3.45）に対して，以下で解析と分析を行います．

- 実験結果から，銅とアルミニウムはシールド効果が同等と確認できました．銅とアルミニウムは導電率が高いことから，電磁誘導による誘導電流が大きく，発生源の磁界を打ち消す量も大きくなるためです．特にシールド板との間隔 d が小さいときに高いシールド効果が得られています．

- ステンレス板は，銅やアルミニウムに比べるとシールド効果がわずかに低い程度で，ほぼ同等の結果でした．ステンレスは，導電率が銅の0.17倍と小さい（抵抗が高い）ですが，実験を行った周波数3 MHzではステンレスの抵抗分 r_S の影響はわずかで，銅と同様のシールド効果をもちます．抵抗分 r_S が影響しなくなる理由は，シールド導体に誘導する電流 $|I_S|$ を求める式(3.16)において，r_S が $\omega M = 2\pi f M$ に比べて十分小さくなるためです（本章3.4.1参照）．

$$\left| I_S \right| = \frac{1}{\sqrt{\left(\dfrac{r_S}{\omega M}\right)^2 + \left(\dfrac{L_S}{M}\right)^2}} \left| I_N \right| \approx \frac{M}{L_S} \left| I_N \right| \tag{3.16}$$

　ここに，I_N：ノイズ源の電流，L_S：シールド板の自己インダクタンス
　　　　M：矩形コイルとシールド板との相互インダクタンス

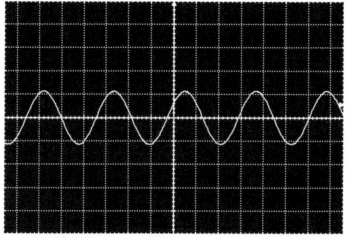

(a) 銅板をグラウンド接続時　　20 mV/div　100 ns/div

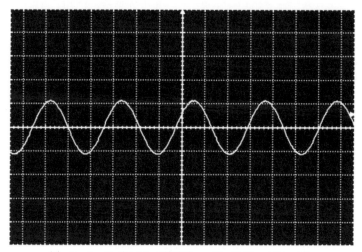

(b) メッシュをグラウンド接続時　　20 mV/div　100 ns/div

図 3.52　各シールドをグラウンド接続したときの受信ループ誘起電圧

● ステンレス・メッシュは，メッシュ構造によって平板に比べて導電性が低下
します．そのため誘導電流が減少し，$d = 11$ cm でステンレス板のシールド
効果より 2.6 dB，$d = 0$ cm では 20 dB シールド効果が少なくなりました．

- ファインメットは，ほとんどシールド効果がない結果でした．ファインメットはパーマロイとともに透磁率が非常に高く，磁気シールド材料として良好な特性を示すといわれています．しかし，透磁率が高いのは低周波の範囲内なので，$f=3\,\mathrm{MHz}$ では透磁率が非常に小さくなり，シールド効果が現れません．また，電磁誘導による電磁シールドとしては，導電性が小さく誘導電流が微小なため効果がありません．

〔2〕電磁誘導による電磁シールドの実験その2（周波数 30 kHz）

　周波数 30 kHz での電磁誘導による電磁シールドの実験結果（まとめのグラフ，図 3.47）に対して，以下で解析と分析を行います．

- 銅およびアルミニウムのシールド効果の実験結果は，上記の電磁誘導による電磁シールドの実験その1（周波数 3 MHz）の結果とほぼ同一で，30 kHz でもシールド効果が高いことがわかります．

- ステンレス板では，30 kHz 磁界のシールド効果が，3 MHz 磁界に比べて大幅に低下することが確認されました．3 MHz の磁界では銅およびアルミニウム板とほぼ同等でしたが，周波数が低くなると，導電率が銅の 0.17 倍と小さい（抵抗が高い）ことが顕在化します．上述した誘導電流 $|I_S|$ を求める式 (3.15) において，$\frac{r_S}{\omega M}$ の項が大きくなり，シールドの抵抗分 r_S が無視できなくなったことが理由です．

- ステンレス・メッシュでは，30 kHz 磁界のシールド効果がほぼなくなります．メッシュ構造による導電性低下（抵抗分 r_S 増大）が，周波数低下によりさらに顕在化し，誘導電流 $|I_S|$ がほとんど流れなくなったためです．

- ファインメットでは，30 kHz 磁界に対するシールド効果の値が $d=0\,\mathrm{cm}$ で 5 dB 以下と大きくはありませんが，3 MHz に比べるとある程度のシールド効果が得られました．この結果は，周波数が高いほうが，シールド効果が高まる電磁誘導による電磁シールドの特性に反しています．この理由は，電磁シールド効果が現れたわけではなく，30 kHz に周波数が低下したためにファインメットの透磁率がある程度上昇し，磁気シールド効果が現れたためと考えられます．

〔3〕磁気シールドの実験

　周波数 50 Hz での磁気シールドの実験結果（図 3.49，図 3.50）に対して，以下で解析と分析を行います．

- 銅板の観測結果で細いノイズ分のみ減少した理由は，細いノイズは高い周波数成分なので，導電率の良好な銅板の「電磁誘導による電磁シールド」の効果が現れて減少したと考えられます．

- 銅板が，50 Hz の低周波磁界に対してほとんどシールド効果が現れなかった理由は以下の 2 点です．

  ① 周波数が 50 Hz の低い成分に対しては，導電性が良好でも $\frac{rs}{\omega M}$ の値が小さくならず，電磁誘導による電磁シールドの効果がほとんど現れない

  ② 銅板の比透磁率 $\mu_r = 1$（空気と同じ）のために磁気シールド効果がない

- 使用したファインメットは，厚みわずか 18 μm と薄いシートですが，比透磁率 μ_r が 7000 近くあり，50 Hz において磁気シールド効果が現れたものです．なお，シールド板のないとき（図 3.49）に比べ，図 3.50(b) では細いノイズや歪が相対的に多く観測されています．この理由は，ファインメットは電磁誘導による電磁シールドの効果がほとんどないため，高い周波数成分の細いノイズや歪は減少しない一方，50 Hz の成分のシールド効果によって，相対的に細いノイズや歪が強調されて観測されたものと考えられます．

- 50 Hz の低周波磁界に限ると，少ないながらもシールド効果のあったのはファインメットだけで，他の金属板にはシールド効果はありませんでした．磁気シールドは，シールド材料が厚いほど効果が高いので，より厚いファインメットシートを使用すれば，磁気シールド効果をより高めることができます．

〔4〕静電シールドの実験

周波数 3 MHz での静電シールドの実験結果（図 3.51，図 3.52）に対して，以下で解析と分析を行います．

- 静電シールドはグラウンド接続しないと，シールド材料の表面に電荷が現れて電界を減少させることができません．この基本特性が，実験したすべてのシールド板で確認されました．

- ステンレス・メッシュ板でも他のシールド板と同じ静電シールド効果が得られました．この理由は，静電シールドは，電界の結合による電流がシールド材料に流れるだけで，電磁誘導に比べて電流が少ないため，他のシールド板と同様のシールド効果が得られたと考えられます．

3.9 シールドに関する事例分析

事例 3.1

DC 電源ユニットにおける静電シールド強化策

〔現象〕

　DC 電源ユニットにおいて，AC 入力側への伝導性ノイズが規格に対してマージンが少ない状態で，改善が必要でした．

〔原因究明と分析〕

　伝導性ノイズは，DC 電源ユニットのスイッチングにより発生するノイズが 1 次側に導体を伝わって AC 入力側に現れるものです．対策としては，ラインフィルタを挿入してノイズを減少させるのが一般的です．

　この DC 電源でもラインフィルタが挿入されていましたが効果が少なく，またラインフィルタの定数を変更してもノイズを減少させることができませんでした．

　ノイズは導体だけでなく空間からも伝わることから，この DC 電源ユニットでは図 **3.53**(a) のように静電シールド板を立てていましたが，効果が現れていませんでした．そこで，このシールド板のグラウンド経路を調べたところ，10 cm 程度の電線でシャーシに接続されていました．

　DC 電源のスイッチングは電圧が数百 V と高く，結合容量も小さくはありませんので，静電シールドでも低インピーダンスでグラウンド接続する必要があります（本章 3.2.2，図 3.7 参照）．そこで，静電シールドのグラウンド接続強化を行うことにしました．

〔対策〕

　静電シールドのグラウンド接続強化策として，図 3.53(b) に示すように，シールド板を固定している基板のすぐ下のシャーシと金属スペーサ（2 章 2.2.1，図 2.16 参照）で接続しました．その結果伝導性ノイズが 10 dB 以上減少し，規格に対し十分マージンをもたせることができ，解決しました．

事例 3.2

磁気シールドによる CRT 表示装置の画像ぶれ対策（実測例）

〔現象〕

　コンピュータ室内の CRT 表示装置数台で最大 1 mm 程度の画像ぶれが発生し，

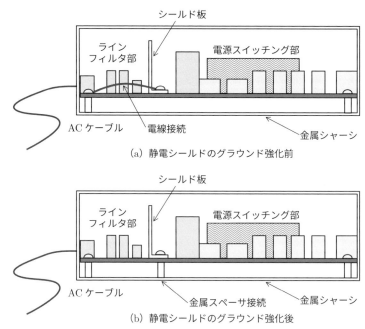

（a）静電シールドのグラウンド強化前

（b）静電シールドのグラウンド強化後

図 3.53　DC 電源ユニットにおける静電シールド強化前と後
（電源ユニット断面の模式図）

配置によって画像ぶれの大きさが左右されることが判明しました．原因は，コンピュータ室の下の階にある受変電設備から発生する 60 Hz 交流磁界とすぐにわかりましたが，部屋の変更は難しく，磁界ノイズ耐力を上げる必要がありました．

〔分析と実測〕

　CRT 表示装置の磁界ノイズ耐力を上げるため，磁気シールドで囲うことを検討しました．画像ぶれが視認できる限界 0.12 mm 以下とするには，視認性実験から 30 dB 以上の磁気シールドを行えばよいことがわかりました[15]．

　無限長の円筒状の磁気シールド材料を仮定したときのシールド効果 S（本章 3.3.2 参照）を使って試算してみました．高透磁率材料（パーマロイ $\mu_r = 100000$）を使い，加工による透磁率低下を見込んで $\mu_r = 20000$，$r = 300$ mm，$t = 2$ mm とし，式 (3.17) により計算しました．

$$S = \frac{H_e}{H_i} = \frac{\mu_r t}{2r} = \frac{20000 \cdot 2}{2 \times 300} = 66.7$$

$$\therefore \quad 20 \log S = 20 \log 66.7 = 36 \,\text{〔dB〕}$$

(3.17)

ここに，H_e：外部磁界強度，H_i：円筒内中心部の磁界強度
　　　　μ_r：シールド材料の比透磁率，t：シールド材料の厚み
　　　　r：円筒半径

　画像ぶれは磁界の強さにほぼ比例するため，計算結果から上記磁気シールドにより十分な効果が得られることになります．ただし，CRT は表示面部分を覆うわけにはいきませんので，磁気シールド効果は低下します．シールド効果低下がどの程度か計算ではわからないので，この計算値を目安に，**図 3.54** に示す磁気シールド効果評価環境（交流磁界印加）で測定して判断することにしました．

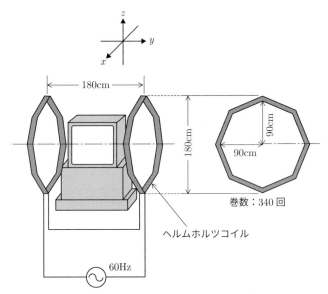

図 3.54　磁気シールド効果評価環境 [15)]

　実験では，**図 3.55** に示す磁気シールドの実体寸法の $\frac{1}{2}$ の小型モデルを試作して測定を行いました．なお，実体寸法での測定値に合わせるため，シールド効果 S の算出式中の $\frac{t}{r}$ を一定とし，寸法 $r = \frac{1}{2}$ および厚み $t = \frac{1}{2}$ としました．図 3.55(a) は実験用磁気シールドカバーの側面図，図 3.55(b) は背面図です．

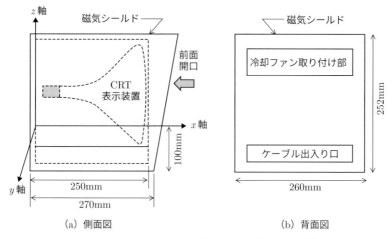

図 3.55　CRT 表示装置の磁気シールド試作モデル [15]

（a）側面図　　　　　　　　　（b）背面図

便宜的に，x軸（表示面前後方向），y軸（左右方向），およびz軸（上下方向）をとり，磁界の測定位置をx軸上で動かしたときシールド効果がどのように変化するかを測定しました．実測結果を**図 3.56**に示します．

図 3.56(b) および (c) の実測結果より，CRT 前面で 10 dB 以上，x軸上 100 mm 位置では 30 dB 以上のシールド効果が得られました．CRT の画像ずれは，CRT ネック部分の電子銃発射部に近いほど磁界の影響を受けやすく，x軸上 100 mm 位置周辺はシールド効果を高める必要があります．x軸上 100 mm 位置での磁気シールド効果は視認性実験での 30 dB を超え，実用上十分と判断できます．

また，図 3.56(a) の実験結果より，CRT 前面部分では表示面開口の影響で数 dB のシールド効果，x軸上 100 mm 位置では 20 dB 程度のシールド効果でした．ただし，図 3.56(a) の磁界の方向はx軸方向すなわち表示面前後方向ですので，CRT の電子銃の進む方向と一致し，もっとも磁界の影響を受けにくい方向と考えられます．そのため，x軸上 100 mm 位置での磁気シールド効果は 20 dB でも実用上は十分と考えられます．

〔対策〕

上記，$\frac{1}{2}$試作モデルの測定結果での効果が確認できたので，実体寸法の磁気シールドを製作し，製品（CRT 表示装置）に適用しました．実際にコンピュータ室内に設置した結果，問題になっていた画像ぶれをまったく感じなくなるレベ

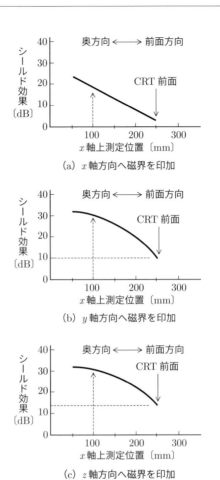

図 3.56　*x* 軸上の位置と磁気シールド効果の関係 [15)]

ルまで改善することができ，解決しました．

事例 3.3

週 1 回程度の頻度で誤動作が発生する制御システムのノイズ対策

〔現象〕

　機械室に設置された制御システムにおいて，1 週間に 1 回程度（不定期）の頻度で誤動作が発生し，対策が急務でした．

〔分析と実測〕

　誤動作の発生した制御システムは，**図 3.57** に示すように複数台の制御装置（コントローラ）から構成され，コントローラ用 LAN で接続されています．また，機械室壁面には各所からの大電力制御用接点信号の端子台がまとめられ，制御装置からの信号ケーブルにはその接点信号が接続されています．機械室内には，大型モータやコンプレッサが近傍に設置されていて，ときどき起動／停止が繰り返されている状態でした．

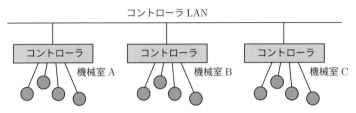

図 3.57　機械室設置の制御システムの構成

　1 週間に 1 回程度（不定期）の頻度の誤動作は，誤動作がほとんど発生しないことから追及が非常に難しいです．実際に，現地での 4 日間昼夜の原因追及作業中，誤動作は 1 度も起きませんでした．そのため現地では，ケーブルの敷設状況や現場動力機器の調査，信号ケーブルや AC ケーブル，グラウンドに重畳するノイズ測定が中心になりました．ノイズ測定では，ある程度大きなノイズの信号ケーブルへの重畳が確認できましたが，誤動作の原因となりそうな動力機器の特定はできませんでした．

　そこで，信号ケーブルからのノイズ侵入に対して制御装置側のノイズ耐力を高めることにしました．現地および実験室での各種測定と再現試験の結果，現地と同じ誤動作現象を実験室で再現させることができ，誤動作発生のメカニズムを確信しました．**図 3.58** のように，信号ケーブル経由でノイズ電流が伝搬し，制御装置近傍で空間ノイズとなって制御装置の CPU 基板に誘導したと考えました．

　誤動作が起こった CPU 基板は，ローコスト化のため両面基板です．**図 3.59** に示す空間ノイズ（高周波磁界）耐力測定を行うとともに，ノイズ耐力向上対策を試行しました．空間ノイズ印加試験では，方形波インパルス試験器にループコイルを接続し，CPU 基板と 5 cm 程度の距離に近づける方法をとりました．なお，

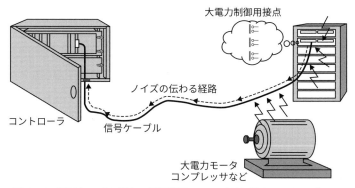

図 3.58　信号ケーブル経由で制御装置にノイズが伝搬するメカニズム

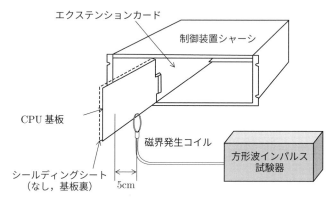

図 3.59　CPU 基板への空間ノイズ（高周波磁界）印加試験の構成

このときの空間ノイズのスペクトルを**図 3.60** に示します．

　ノイズ耐力向上策としては，シールディングシート（アルミ箔をエポキシフィルムで覆ったもの）を CPU 基板裏面に貼り付け，電磁誘導による電磁シールド（本章 3.4.1 参照）を適用しました．シールディングシートあり（基板裏面付）となしを比較した結果を**図 3.61** に示します．シールディングシートは部品の高さの関係で基板裏面に付けました．表面側または裏面側のどちらから空間ノイズを印加をしてもあまり変わらず，付けたほうがはるかに空間ノイズに強くなることがわかりました．シールディングシートを付けると，JEIDA-29（工業用計算機設置環境基準：日本電子工業振興協会）classB 相当以上まで強化されることが確認できました．なお，基板表面側から空間ノイズを印加をしたときでもノイズ耐力向上効果が高かった理由は，電磁誘導による電磁シールドの原理から，基板

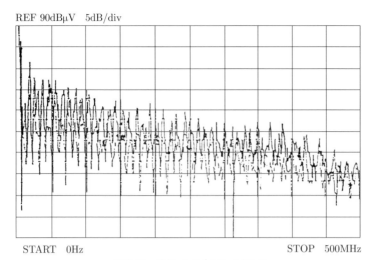

REF 90dBμV　5dB/div

START　0Hz　　　　　　　　　　　　　STOP　500MHz

図 3.60　空間ノイズのスペクトル

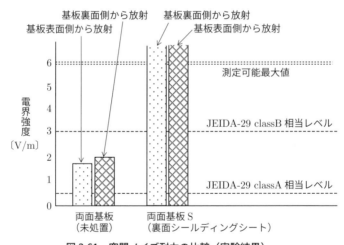

図 3.61　空間ノイズ耐力の比較（実験結果）

反対側からの高周波磁界でもシールディングシートに渦電流が流れ，高周波磁界が相殺されるためと考えられます．

〔対策〕

　誤動作の発生した制御システムに対し，仮対策としてシールディングシートをすべての CPU 基板に貼り付けて様子を見ました．この対策を適用後，数か月が

経過しても現地で誤動作はまったく発生しませんでした．次に，両面基板だった
CPU 基板を 4 層化（内層全面グラウンドベタ）した基板を製作し，空間ノイズ
印加試験を行ってシールディングシートと同様の効果があるかを確かめました．
その結果，同様の効果が確認できたため，現地の CPU 基板をすべて 4 層基板に
交換しました．

　それ以降，安定した稼働を続けています．

事例 3.4

電磁波に対する電磁シールドの実測と評価

〔状況〕

　電子機器・装置の設計に際して，電磁波に対する電磁シールドをどの程度まで
厳密にしたらよいかバックデータがありませんでした．シャーシに対してすきま
ができるとシールド効果が低下しますが，すきまをなくすのが難しいこともしば
しば起こります．電磁波に対する電磁シールドの計算式（本章 3.5.2）と実測値
の関係を確認しておくことが重要と考え，電波暗室で測定を行いました．

〔分析と実測〕

　図 3.62 の放射電磁界イミュニティ測定（IEC 61000-4-3）環境において，開発
した制御装置のシャーシの状態を変えてシールド効果の評価を行いました．**図
3.63** は，開発した制御装置（供試装置）の評価時の概略外観を示しています．
この制御装置は，480 mm 幅の金属シャーシに複数の基板が実装される構造で，
天井板は換気用にパンチングメタルで覆われています．なお，天井板には同一サ
イズの金属板も用意してシールド効果が比較できるようにしました．未実装カー

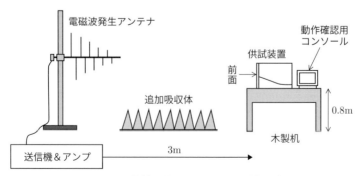

図 3.62　放射電磁界イミュニティ測定環境

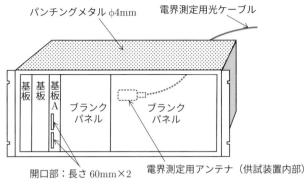

パンチングメタル φ4mm

電界測定用光ケーブル

基板

基板

基板A

ブランク
パネル

ブランク
パネル

開口部：長さ 60mm×2

電界測定用アンテナ（供試装置内部）

図 3.63　実験を行った供試装置

ド部には金属ブランクパネルを取り付け，基板フロントパネルとブランクパネル
には EMC フィンガースプリングにより FG 接触を確実なものにしています．基
板 A には大きめの開口部が 2 か所あります．また，制御装置の内部に電界測定
用の小型アンテナを実装し，影響のないように光ファイバー経由で計測用スペク
トラムアナライザに接続しています．

　まず，各種開口部の大きさの違いによるシールド効果を測定するため，天井板
をパンチングメタルから金属板に交換します．送信機から最大出力を電界発生ア
ンテナに送り出し，電界測定用アンテナで受信した電界強度をスペクトラムアナ
ライザで読み取ります．開口部の大きさは，以下の①〜③とします．

①　ブランクパネルをすべて開放してシャーシのシールドをなくしたとき
②　基板 A のパネルの長さ 60 mm 幅 10 mm の開口部 2 か所に対し，金属テー
　　プで塞いだ場合と塞がない場合
③　基板 A をわずかに引き抜き，基板間に 1 mm 程度のすきま（長さ 25 cm）
　　を開けた場合

　上記①〜③の測定結果を**図 3.64** に示します．シールドのないとき（上記①）
の電界強度 48.5 V/m に対し，長さ 60 mm 幅 10 mm の開口部 2 か所（上記②）
のとき 2.8 V/m で，ある程度のシールド効果が確認されました．そして，この
2 か所の開口部をふさぐと，測定不能のレベルまでシールド効果が高まりまし
た．また，基板間に 1 mm 程度のすきまを開けると（上記③），20.9 V/m とシー
ルド効果が大幅に少なくなることが確認されました．

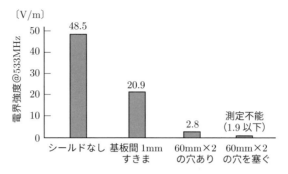

図 3.64　電磁波に対するすきまの影響実測（比較）

次に，φ4 mm の丸穴が 250 個開いた天井板パンチングメタルのシールド効果と金属板との違いを評価します．この測定結果を**図 3.65** に示します．

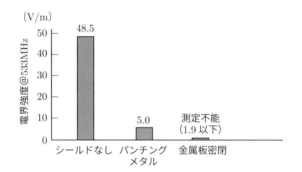

図 3.65　電磁波に対するパンチングメタルの影響実測

天井板がパンチングメタルのとき（それ以外のすきまはない状態）電界強度 5.0 V/m で，シールドのないときの 48.5 V/m に比べて，ある程度のシールド効果が確認されました．

〔まとめ〕

ここで，上記実測結果から計算したシールド効果 S_m〔dB〕と，電磁シールドの計算式（本章 3.5.2 参照）による計算結果 S_c〔dB〕を，**表 3.3** にまとめます．なお，計算例として，パンチングメタル（φ4 mm の穴 × 250 個）の実測シールド効果を式 (3.18) に，電磁シールドの計算式を式 (3.19) に示します．

表 3.3 シールド効果の実測値と計算値の比較

	実測値 S_m	計算値 S_c
基板間すきま （長さ 250 mm 幅 1 mm）	7 dB	1 dB
基板 A の開口部 2 か所 （長さ 60 mm 幅 10 mm ×2）	24 dB	10 dB
パンチングメタル （φ4 mm の穴 ×250 個）	20 dB	13 dB

$$S_m = 20\log\left(\frac{48.5}{5.0}\right) = 20 \ \text{〔dB〕} \tag{3.18}$$

$$S_c = 20\log\left(\frac{0.56}{2\times0.004}\right) - 20\log\sqrt{250} = 13 \ \text{〔dB〕} \tag{3.19}$$

表 3.3 のいずれの場合も，計算値より実測値のほうが大きい結果でした．

この理由として，開口部およびパンチングメタルの最大透過方向と電磁波の到来方向が異なること，および制御装置の内部に設置した電界測定用アンテナの指向性があることがあげられます．長さ 25 cm の基板間すきまがある場合，計算値ではシールド効果がほぼない状態（$S_c = 1$ dB）に対して実測値 $S_m = 7$ dB でしたので，この差が上記理由によるアンテナ指向性の感度低下分（$S_m - S_c = 7 - 1 = 6$ 〔dB〕）と考えられます．そこで，各場合の実測値からこのアンテナ感度低下分 6 dB を差し引くと，シールド効果の傾向が計算値と大体一致しているとみられます．したがって，厳密な予測計算は無理としても，便利な目安の式として十分使えると考えられます．

事例 3.5

プラスチックケースでの EMI 対策

〔現象〕

ポータブル型電子機器で EMI（放射ノイズ）を減らすことができず，VCCI 第 2 種をクリアできない問題が発生しました．プラスチックケースに導電塗装を施すことで EMI 低減をめざしましたが，思うように効果が現れてくれない状況でした．

〔原因究明と分析〕

図 3.66 は，最初にプラスチックケース内側に導電塗装をしたときのポータブ

183

ル型電子機器の模式図です．グラウンドの位置を変えると放射ノイズの大きさが
変化するなどの不安定要素があり，導電塗装のシールド効果が現れない状態でし
た．また，ループコイル測定により，AC ケーブルからも放射ノイズが出ている
ことがわかりました．

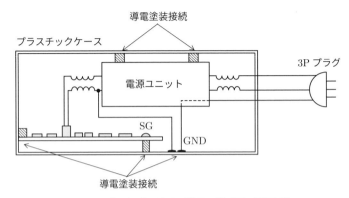

図 3.66　ポータブル型電子機器の模式図（断面図）

　導電塗装に接続されているグラウンドの一部を外すと放射ノイズが減少するこ
とが判明し，グラウンド接続点の位置と放射ノイズの関係を詳細に検討すること
にしました．結果として，導電塗装部分にノイズ電流が流れ，その部分がアンテ
ナとなって放射されることをつきとめました．導電塗装は金属と違って導電率が
低く（抵抗率が高く），ノイズ電流が流れると電圧が発生して放射ノイズがでて
しまいます．そのため，導電塗装では，複数の点でグラウンド接続をするとノイ
ズ電流が発生するので，接続は 1 点でしたほうがよいと考えました．

〔対策〕

　図 3.67 に示すように，導電塗装への接続を変更し，1 点で行うことを徹底し
ました．固定のためケースに止める場合でも，導電塗料に接続される恐れのある
ときは，絶縁して止めるようにしました．また，AC ケーブルからの放射ノイズ
を低減するため，AC ラインのアース線にインダクタを挿入して高周波ノイズが
AC ケーブル側に流れないようにしました．

　以上の対策をすることで，VCCI 第 2 種をパスさせることができました．

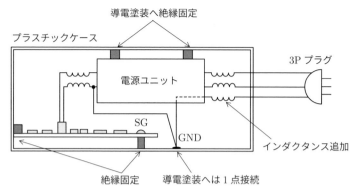

図 3.67　導電塗装ではグラウンド接続を変更（断面図）

4 章

信号ケーブル

　信号ケーブルは電子機器・装置間を結び，本来はディジタル信号やアナログ信号を伝えるためのものです．しかし，ノイズも電気信号ですので，信号と同様にケーブル上を伝わるだけでなく，空間からのノイズを拾うアンテナとして，またノイズを空間に放射するアンテナとしても機能してしまうことが多いのです．

4.1　ケーブルの基本

4.1.1　信号ケーブルにノイズが重畳するメカニズム

　ノイズの伝わり方には，導体と空間があります（1 章 1.2 節参照）．ここでは信号ケーブルから見て，導体と空間からどのようにノイズが重畳するか，そのメカニズムについて説明しましょう．

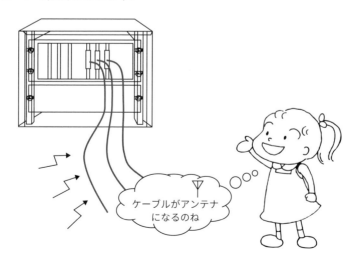

ケーブルがアンテナ
になるのね

ノイズが信号ケーブルを伝わる場合

　信号ケーブルは導体ですので，信号だけでなくノイズが伝わる経路となり，電子機器・装置にノイズが侵入することがあります．ノイズがケーブルに直接印加されるか否かは，回路や実装，グラウンドなどの良否が関係していて，ケーブル自身の対ノイズ特性の良否にはあまり関係しません．

　信号ケーブルにノイズが伝わる形態は，**図 4.1** に示すように信号と信号リターン間を伝導してくるディファレンシャルモードノイズと，**図 4.2** に示すようにケーブル全体（信号と信号リターンの両方同時）を伝導してくるコモンモードノイズの 2 種類があります．

　ディファレンシャルモードノイズは，ノイズが信号源に直接誘導したり，信号回路の共通インピーダンス部分に誘導したりすることで発生します．このノイ

図 4.1　ケーブルに重畳するディファレンシャルモードノイズ

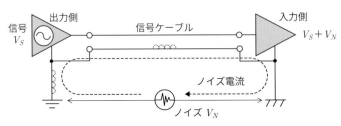

（a）ケーブル上のコモンモードノイズ（シングルエンド入力）

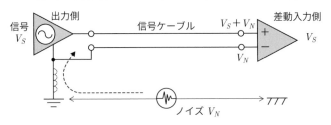

（b）ケーブル上のコモンモードノイズ（差動入力）

図 4.2　ケーブルに重畳するコモンモードノイズ

ズが，図 4.1 に示すように信号と同様，ケーブルを伝わって入力側に入力されます．この場合，入力側を差動入力にしても改善できませんので，ノイズの発生原因を明らかにして，原因を取り除く必要があります．

　一方，コモンモードノイズは，出力側グラウンドと入力側グラウンドの間のノイズなど，信号と信号リターンの両方同時に重畳するノイズで，ケーブルを伝わり入力側に入力されます．

　入力側がシングルエンド入力の場合，発生源がコモンモードノイズでも入力側ではコモンモードとして処理できず，問題となることがあります．図 4.2(a) に示すように，グラウンド間に発生したコモンモードノイズは，信号ケーブルのリターン側を介してショートされる形になります．低周波成分がノイズに含まれる場合は大きな電流が流れ，グラウンド電位の変動などの電子機器・装置側へのノイズ回り込みの問題が発生します．また，高周波成分がノイズに含まれる場合は，グラウンド電線や信号ケーブルのインダクタンス成分によってインピーダンスが高くなり，インダクタンス成分の両端に高周波ノイズ電圧が現れます．そして，この高周波ノイズ電圧はディファレンシャルモードノイズとなって信号入力側に入力されます（1 章 1.2 節〔2〕の図 1.26 と関連する現象）．

　入力側が差動入力の場合は，図 4.2(b) に示すように，コモンモードノイズが＋側と－側の両方にバランスして入力されます．そして，差動入力回路によってコモンモードノイズが除去され，信号だけを取り出すことができます（1 章1.2.2 参照）．なお，信号ケーブル自身でも＋側と－側の心線がグラウンドに対してバランスしているのが望ましく，アンバランスがあると，アンバランス分だけケーブル部分でディファレンシャルモードに変換されてしまいます．

空間ノイズのケーブルへの重畳

　ケーブルが敷設されている経路において，空間からのノイズが存在すれば，ケーブルに重畳します．空間ノイズがケーブルにディファレンシャルモードで誘導するかどうかは，ケーブルの対ノイズ特性の良否に左右されます．空間ノイズは，多くの場合はノイズ源近傍の電界や磁界によるものですが，放送局の近くなどでは電磁波によるものもあります．

　図 4.3 は電界のノイズが，静電誘導によってケーブルに現れるのを模式的な等価回路で示したものです．電界のノイズに対し，信号ケーブルや回路がバランスしていない場合，および回路のインピーダンスが高い場合にディファレンシャル

モードで入力側に誘導されます.

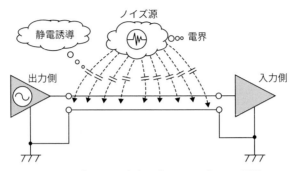

図 4.3　空間ノイズ（電界）のケーブルへの誘導

　電界のノイズでしばしば遭遇するのは，信号ケーブル近くに敷設されているAC 電源系配線からの誘導で，AC ラインに重畳している交流 50/60 Hz や高周波ノイズが信号ケーブルに誘導します．**図 4.4** は，ある水処理プラントに敷設された 430 m 長の信号ケーブル（平行 2 線ケーブル）に重畳したノイズ電圧を測定した例です．電池式オシロスコープを用いたので，ある程度バランスした状態でディファレンシャルモードの測定ができ，実測値 2 V_{p-p} と比較的小さなノイズでした．一方，コモンモード電圧としては，360 V_{p-p} の交流 50 Hz が誘導され

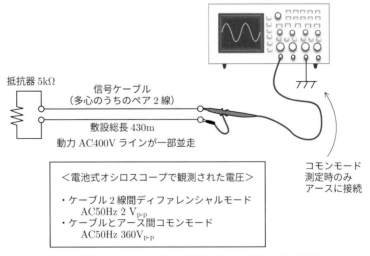

図 4.4　敷設されたケーブルに重畳したノイズ電圧（実測例）

190

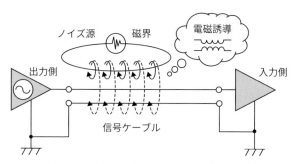

図 4.5　空間ノイズ（磁界）のケーブルへの誘導

ているのが観測されました．このノイズの原因は，プラント施設内の近傍に敷設されている動力 AC 用電源ケーブルから静電誘導したものと考えられます．

図 4.5 は，磁界のノイズが電磁誘導によってケーブルに現れる現象を，模式的な等価回路で表したものです．磁界のノイズは，電界のノイズとは逆に，回路のインピーダンスが低いほうが誘導を受けやすい特徴があります．

電界または磁界のどちらのノイズにでも，ノイズ源の電界や磁界が強いほど，またケーブルに近いほど，影響が大きく現れます．また，シングルエンド入力やアンバランスのケーブル（信号とリターンがバランスしていないケーブル）では，ディファレンシャルモードノイズとなって現れます．信号もディファレンシャルモードで伝送していますので，影響を受けることが多くなります．

入力側が差動入力で信号ケーブルがバランスしている場合は，空間ノイズの誘導はコモンモードノイズとなって現れ，ディファレンシャルモードノイズはほとんど現れません．なお，信号ケーブルをバランスさせるためには，信号と信号リターンの間隔を狭めるとともに，信号とグラウンド間，および信号リターンとグラウンド間の特性インピーダンスを合わせることが有効です．

電磁波のノイズがケーブルに現れるのは，近くの放送局や無線局，そして信号ケーブルの近傍で使用する携帯電話やトランシーバからの放射が原因となります．電磁波のノイズも，上記の電界や磁界と同様のメカニズムでケーブルに重畳します．改善策も同様で，ケーブルをノイズ源から遠ざけ，信号ケーブルをバランスさせて入力側を差動入力にすることが有効です．

放送局などからのノイズは周波数が一定の連続波ですので，**図 4.6** に示すように，電磁波の周波数でケーブルの共振が起こると，共振が顕在化して想定以上の

大きなノイズが現れることがあります．なお，ケーブルの両端がグラウンドに接続されている場合でも共振は起こりますが，ケーブルの片端がグラウンドから浮いているほうが共振による誘導を受けやすいです．この場合は，ケーブル全体が一体化したエレメント（細い導体）として動作し，**図 4.7** に示す共振モノポールアンテナとして機能するためです．

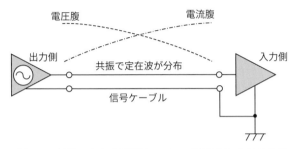

図 4.6　空間ノイズ（電磁波）のケーブル共振における重畳

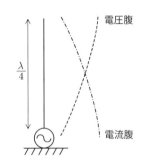

図 4.7　共振モノポールアンテナの基本形

4.1.2　ケーブルの共振とノイズ誘導

4.1.1 で，信号ケーブルが共振して電磁波のノイズが大きく現れる現象を述べましたが，電界や磁界の過渡ノイズでも，共振によって特定周波数のノイズが大きく重畳することがあります．

1/4 波長の共振と 1/2 波長の共振

信号ケーブルの片側だけがグラウンドに接続されている場合，ケーブル長がノイズ源の波長の 1/4 になるとケーブル全体が共振し，図 4.7 に示した共振モノ

ポールアンテナになります.

信号ケーブルが両端ともグラウンドから浮いた状態で敷設されていた場合は,ケーブル長がノイズの波長の1/2になったときに共振し,信号ケーブル全体が一体化したエレメントとして定在波が乗っている状態となります.ノイズの給電位置に応じ,**図4.8**(a) に示す共振ダイポールアンテナ,図4.8(b) の共振エンドフェッドアンテナ,または共振オフセンターフェッドアンテナ（中央からずれた給電位置）として動作します.

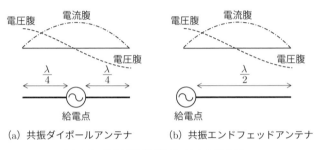

(a) 共振ダイポールアンテナ　　　(b) 共振エンドフェッドアンテナ

図 4.8　共振 1/2 波長アンテナの基本形

信号ケーブル長が波長の1/2または1/4になったときの共振現象は,ケーブル全体が一体となってコモンモード動作しますので,ケーブルの種類とは関係なくすべての種類で起こります.なお,信号ケーブルが共振していなくても,ノイズを放射したり空間ノイズをピックアップしたりする働きをしますが,共振したときには共振周波数成分がはるかに大きく誘起します.

共振ケーブルを電界／磁界ノイズが駆動するメカニズム

信号ケーブル全体が1/2波長で共振したとき,図4.8(a),(b) に示すようにケーブル中央部は電流腹になっています.中央部は,電流が大きく電圧が低いのでインピーダンスが低く,電磁誘導による磁界のノイズが誘起されやすい位置です.一方,共振したときのケーブルの開放端は,電流がほとんど流れないのでインピーダンスが高く,電界のノイズが誘起されやすい位置です.

図4.9 は,電界のノイズ源が小容量コンデンサ C_c によりケーブル開放端にコモンモード結合する状況を等価回路で表したものです.グラウンド（大地や導電性の面）から一定距離に敷設されているケーブル全体がコモンモード駆動されることで,マイクロストリップライン構造として扱うことができます.なお,ケー

ブルの先端②は高インピーダンス回路を想定した抵抗 R_r を介してグラウンドに接続されます.

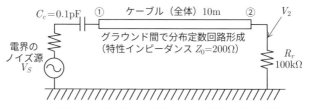

図 4.9　信号ケーブル端への電界のノイズ誘導の等価回路

　例えば，図 4.9 の等価回路において，ノイズ源からの結合容量 $C_c = 0.1$ pF を想定し，信号ケーブルの対グラウンド間特性インピーダンス $Z_0 = 200\ \Omega$，長さ $l = 10$ m（伝搬時間 35 ns），$R_r = 100$ kΩ とします.このとき，先端②に誘導する電圧 V_2 とノイズ源電圧 V_S の比 $\dfrac{V_2}{V_S}$ の周波数特性を SPICE シミュレーションで求め，結果を**図 4.10** に示します.

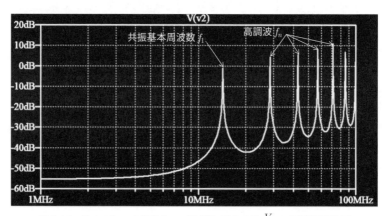

図 4.10　長さ 10 m の信号ケーブル端に結合する $\dfrac{V_2}{V_S}$ の周波数特性例

　図 4.10 より，基本周波数 $f_1 = 14.3$ MHz（伝搬時間 35 ns × 2 の逆数）にてケーブルが共振し，V_2 にはノイズ源電圧 V_S とほぼ同一レベル 0 dB の電圧が現れます.そして，その高調波 $f_n = 28.6$ MHz（f_2），42.9 MHz（f_3），57.2 MHz（f_4），……では 0 dB を超える高い電圧が現れるのが確認できます.ただし，この等価回路に含まれていないストレーインダクタンスやストレーキャパシタンスによっ

て，高い周波数成分は減衰し，実際に現れる高次高調波のノイズは図 4.10 より小さくなると考えられます．ノイズ源の電圧を仮に 100 V とすると，0 dB の誘導では計算上 100 V のノイズがケーブル先端に現れ，電子機器・装置へ少なからず影響することが懸念されます．

　図 4.11 は，結合容量 $C_c = 0.01$ pF，0.1 pF，1 pF と変化させ，信号ケーブル 10 m 長への誘導特性を SPICE シミュレーションで調べた結果です．共振状態では，結合容量 C_c がほんのわずか 0.01 pF の結合でも 0 dB 近くの大きな電圧が誘起されることがわかります．また，$C_c = 0.1$ pF，1 pF と大きな値とするにしたがって，誘起する電圧が上昇するとともに，共振がブロード（ゆるやか）になり共振周波数が低下していくことが観測されます．例えば，$C_c = 0.1$ pF から 1 pF とすると，共振周波数が 2 MHz 程度低下しています．

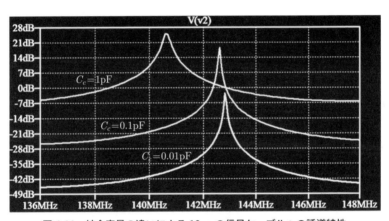

図 4.11　結合容量の違いによる 10 m の信号ケーブルへの誘導特性

4.1.3　ケーブルへのシールド

　空間ノイズの影響を減らすため，ケーブル心線を編組やアルミ箔で覆ったシールドケーブルが用いられます．ノイズを低減させる静電シールド／電磁シールドについて説明します．

ケーブルにおける静電シールド

　図 4.12 は，信号ケーブルにおける静電シールド（電界に対するシールド）の原理を表す模式図です．電界のノイズ源からの影響は，等価的にキャパシタンス

結合（容量結合）で表すことができます．キャパシタンス結合したシールド導体
をグラウンド（ゼロ電位）に接続することで，シールド導体で包まれた心線への
ノイズ誘導が防止されます．

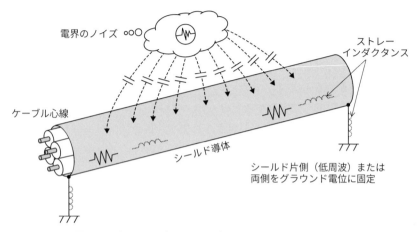

電界のノイズ ∘∘○

ストレー
インダクタンス

ケーブル心線

シールド導体

シールド片側（低周波）または
両側をグラウンド電位に固定

図 4.12　信号ケーブルにおける静電シールドの原理模式図
（ケーブル心線をシールド導体で包んでグラウンド接続）

　システムの規模がある程度以上大きい場合などでは，グラウンド電流防止のた
め，信号ケーブルのシールドの片端のみグラウンド接続（逆の片端は開放）する
ことがあります．その場合，低い周波数（例えば 50 Hz 交流ノイズ）では十分
な静電シールドの低減効果がありますが，高い周波数になるとシールド開放端の
インピーダンスが上昇してシールド効果が低下してしまいます．さらに，この接
続は，ケーブル長が 1/4 波長のときには共振型モノポールアンテナとして動作し
てしまい，共振周波数のノイズが強調される懸念があります．

　一方，信号ケーブルのシールドを両端とも低インピーダンスでグラウンドに接
続すれば，上記のような片端開放によるインピーダンス上昇の問題はなくなりま
す．ただし，ケーブル両端のグラウンド間に電位差があると，ケーブルのシール
ド導体にグラウンド電流が流れ，信号にノイズが重畳する恐れがあります．

　したがって，想定するノイズによってシールドのグラウンド接続方法（片端と
するか両端とするか）が異なってきます．なお，高周波のみのグラウンド（コン
デンサを介したグラウンド）を開放端に適用することでインピーダンスが下が
り，解決できることがあります（2章 2.5.1 参照）．

ケーブルにおける電磁シールド

図 4.13 は，ケーブルにおける電磁シールドの原理を示す模式図です．ノイズ源から出る磁力線によってシールド導体に渦電流が流れ，その電流によって逆方向の磁力線が発生してノイズ源から出る磁力線と相殺する，という電磁誘導による電磁シールドの原理です．グラウンドに接続しなくてもシールド効果があり，磁界ノイズ発生源とシールド導体が近いほうが，また周波数が高いほうが，高い効果が得られる特徴があります（本章 4.3.4 参照）．ただし，電磁シールド効果に対してはグラウンド不要でも，フローティング状態のシールド導体は静電気帯電の可能性を否定できないので，グラウンドに接続しておいたほうがよいでしょう．

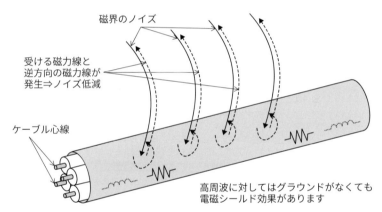

磁界のノイズ

受ける磁力線と
逆方向の磁力線が
発生⇒ノイズ低減

ケーブル心線

高周波に対してはグラウンドがなくても
電磁シールド効果があります

図 4.13　信号ケーブルに対する電磁シールドの原理模式図
（ケーブル心線を導体で包む）

次に，ケーブルのシールド導体の両端をグラウンドに接続した場合の模式図を，図 4.14 に示します．このような接続でシールド導体全体に積極的に誘導電流を流すことで，高周波だけでなく低周波磁界のノイズに対してもある程度の電磁シールド効果をもたせることができます．この場合，グラウンドのインピーダンスが低いほど，電磁誘導による電流が増加して相殺される磁力線が増え，シールド効果が高くなります．ただし，シールドの接続先が大地接地（アース）の場合，接地抵抗をあまり低くできませんので，両端を大地接地しても低周波磁界の電磁シールド効果はあまり期待できません．なお，両端グラウンド接続をすることで高周波における静電シールド強化の効果も期待されます．

　ケーブル両端をグラウンド接続する際は，ケーブルにおける静電シールドと同様，グラウンド（またはアース）間の電位差によるグラウンド電流発生の恐れがないことを確認する必要があります．

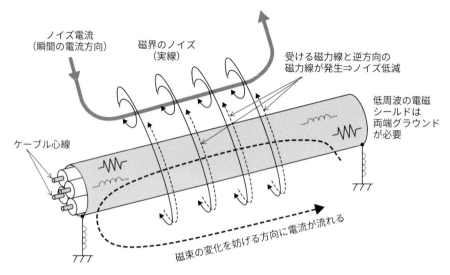

ノイズ電流
（瞬間の電流方向）

磁界のノイズ
（実線）

受ける磁力線と逆方向の
磁力線が発生⇒ノイズ低減

低周波の電磁
シールドは
両端グラウンド
が必要

ケーブル心線

磁束の変化を妨げる方向に電流が流れる

図 4.14　信号ケーブルに対するシールド（低周波磁界）
（ケーブル心線を導体で包み両端をグラウンド接続）

電磁波に対するシールド

　電磁波に対しては，電子機器・装置の FG に低インピーダンス接続したシールドでケーブルをすっぽり覆い，すきまをできる限りなくすことがシールド効果を高めるうえの基本となります（3 章 3.5 節参照）．すきまができやすいのは，ケーブルの接続部分やコネクタ部分ですので，金属製のハウジングで覆った EMC コネクタを使用するのが原則です．また，ケーブルのシールドを金属ハウジングにクランプで面接触・接続させ，グラウンドの低インピーダンス化を図ることがポイントです（2 章 2.5.1，図 2.78 と関連）．

4.2　ケーブルの種類

　信号ケーブルは，ディファレンシャルモードで信号を伝送することが目的です．そのため，信号線と信号リターン線のペアが一定間隔となるように構成され，特性インピーダンスが一定になるような構造になっています．

　ケーブルの種類として，大きくはシールドのないものとシールド付きのものに分けられ，さらに，信号線と信号リターン線の構造によって分類されます．

　ケーブルの対ノイズ特性は，空間ノイズ除去特性のことを意味します．ケーブルを選定する際は，回路のインピーダンス，ノイズの周波数，そして空間を伝わる波動インピーダンス（電界か磁界か）を考慮する必要があります．

　以下，各種ケーブルについて説明します．

4.2.1　平行2線ケーブル

　図4.15の平行2線ケーブル模式図および**図4.16**の寸法図に示すように，信号線と信号リターン線を一定間隔で平行させて伝送する構造です．電話線や構内通信線などでは，平行2線の絶縁体どうしが融着した構造となっています．平行2線間の間隔によって特性インピーダンスが決まるので，その考慮が必要です．なお，ノイズの誘導の観点からは，この間隔が狭いほうが誘導を受けにくくなります．

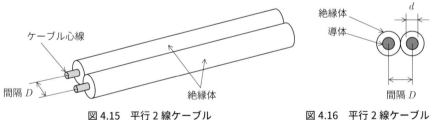

図4.15　平行2線ケーブル　　　　図4.16　平行2線ケーブル
　　　　　　　　　　　　　　　　　　　　　　寸法（断面）

平行2線ケーブルの用途

　計測用アナログ信号（高インピーダンス回路が基本）では，アナログ信号の精度が要求され，周囲の電界のノイズの影響や近接するケーブルの影響を受けやすいためシールドが必要です．そのため，通常この信号に対しては，シールドなし

のケーブルは用いられません.

　アナログ信号でも，電話線による電話音声伝送（低周波）では，受信回路のインピーダンスが低く信号レベルが高いため，電話用平行 2 線ケーブルが通常使われています．また，ADSL など xDSL（最高で数十 MHz 程度の高周波）は，ケーブルの特性インピーダンスを考慮した回路の終端を行うことで，電話用平行 2 線ケーブルの使用を可能としています．

　ケーブルの低速ディジタル信号伝送としては，プラントなど計装の接点信号やトランジスタ出力などの信号に用いられています．信号レベルが高く，速度が遅いため，スレッショルドレベルや応答特性を適切に設計することで，平行 2 線ケーブルを数 km の長距離伝送をしても通常問題ありません．

平行 2 線ケーブルの特性インピーダンス

　高速ディジタル信号の伝送に平行 2 線ケーブルを使う場合は，ケーブルの特性インピーダンスと回路の終端抵抗をマッチングさせる必要があります．そのため，低周波から高周波に渡って特性インピーダンスが安定している必要があります.

　平行 2 線の特性インピーダンスは，一般的には式 (4.1) で求められます．なお，D と d は同一単位（mm，m など）に統一します.

$$Z_0 = \frac{120}{\sqrt{\varepsilon_r}} \log_e \frac{2D}{d} \quad (\Omega) \tag{4.1}$$

ここに，D：2 線間の間隔（中心から中心），d：電線（単線）の直径
　　　　ε_r：絶縁体の比誘電率
厳密に計算する必要のある場合は，絶縁体の実効比誘電率 ε_e を考慮した式 (4.2) を使います [24].

$$Z_0 = \frac{120}{\sqrt{\varepsilon_e}} \log_e \frac{D + \sqrt{D^2 - d^2}}{d} \quad (\Omega) \tag{4.2}$$

ただし，$\varepsilon_e = \varepsilon_r^V$，$V = \dfrac{4.3(D^2 - d^2)}{5.4D^2 - \pi d^2}$，$D$ と d は同一単位

シールド付き平行 2 線ケーブル

　図 **4.17** に示すシールド付き平行 2 線ケーブルは，平行 2 線ケーブルの外側に

導体を巻き付ける構造です．シールドを施すことで，シールド効果（5章5.1.3
参照）をもたせることができます．

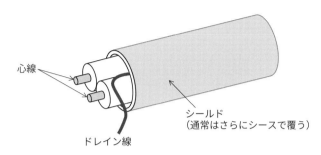

心線

シールド
（通常はさらにシースで覆う）

ドレイン線

図4.17　シールド付き平行2線ケーブル

　計測用アナログ差動信号（高インピーダンス回路）の用途では，シールドに
よって電界のノイズを低減できるので，後述のシールド付きツイストペアケーブ
ルとともに広く用いられています．計測用アナログ差動信号では，高い周波数で
の特性は要求されませんが，ペア心線（＋側と−側の信号）のバランスのよい
ケーブルがコモンモードノイズ除去に有効となります．

　高速ディジタル信号を差動で伝送する用途で，低損失絶縁材質による高周波特
性の良好なケーブルが近年開発され，**ツイナックスケーブル**と呼ばれて広く使わ
れるようになりました．ツイナックスケーブルは，高周波特性を強化したシー
ルドによって外部からのノイズの誘導を低減させ，GHz級の周波数に対しても
損失の少ないフッ素樹脂・テフロン系のPFAやPTFEを絶縁体に使用すること
で，高い周波数での減衰が最小限に抑えられています．ツイナックスケーブルで
は，10 Gbps程度までの超高速信号を伝送することができます．特性インピーダ
ンスとして，平行2線間の結合およびシールドを介した結合の両方が関係しま
す．シールド導体は両端でグラウンドに接続しますので，グラウンド間電位差に
よるノイズ発生に注意する必要があります．

◻4.2.2　多心ケーブル

　図4.18に多心ケーブルの模式図を示します．複数の心線を束にして周りを
シースで覆ってまとめたケーブルです．信号伝送や対ノイズの観点からは，平行
2線の心線が複数ある多心ケーブルのほうがよいのですが，実際に使われている

のは心線がばら線の多心ケーブルがほとんどです.

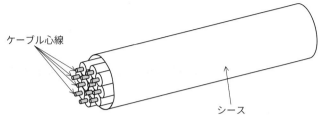

ケーブル心線

シース

図4.18　多心ケーブル

多心ケーブルの用途

　多心ケーブルは，計測用をはじめ各種アナログ信号伝送には，シールドがないため使用されません.

　低速ディジタル信号伝送として，プラントなど計装の接点信号やトランジスタ出力などの信号に用いられています. 計装用の信号ケーブルは信号本数が多いのが一般的で，広く使われています.

　伝送線路の観点から，シース内に多数の心線がばら線でペアが決まっていませんので，特性インピーダンスが不定で低速以外の信号伝送には適していません. なお，複数の信号線本数に対して信号リターン線の本数を減らした使い方が散見されますが，低速信号であっても，信号と信号リターンを1対1ペアとして，信号ケーブルのアサインをするのが原則です. 信号リターンには信号と同じ電流（リターン電流）が流れており，信号リターン線本数を減らすことは，共通インピーダンスによる誘導を増やすことになります.

　対ノイズの観点からは，外部からのノイズの影響を受けやすく，EMI に対しても対策のとりにくいケーブルです. さらに，ケーブルの心線内の隣どうしの2線がケーブル先端まで隣とは限らず，しばしばクロストークの問題が発生します. そのため，伝送速度が遅いからといってクロストークに対する注意を怠ると，トラブルに結び付く恐れがあります. この信号ケーブルにおいてクロストークの影響を減らすためには，クロストークの発生を設計時点から想定し，ドライバ，レシーバの選定およびスレッショルドや終端抵抗など適切な設計をする必要があります.

一括シールド付き多心ケーブル

　図4.19は，一括シールド付き多心ケーブル模式図です．多数の心線が一緒に束になっている（ばら線）状態の多心ケーブル全体を，一括してシールドするケーブルです．一括シールドを施すことで，シールド効果（本章4.1.3参照）をもたせることができ，敷設のノイズ環境に応じて使われます．一括シールド付きでも，心線間のクロストークの問題は，シールドのない多心ケーブルと共通の課題となります．

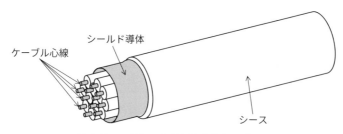

図4.19　一括シールド付き多心ケーブル

　計測用アナログ信号では，一括シールドによる外部からの電界のノイズを低減することができますが，あまり使われません．その理由は，信号間のクロストークおよびコモンモード誘導が大きく，精度悪化の原因となるからです．後述する一括シールド付き多対ケーブルのほうがよく使われています．

　低速ディジタル信号用には，プラントなど計装の接点信号やトランジスタ出力などの低速ディジタル信号伝送に用いられています．伝送線路としては，シールド内心線のペアが決まっていないことで特性インピーダンスが不定となるため，低速以外の信号伝送には適していません．なお，一括シールドと心線間のストレー容量がケーブル長に応じて大きくなるため，信号遅延時間が予想以上に長くなることの注意も必要です．

4.2.3　ツイストペアケーブル

　図4.20はツイストペアケーブルの写真です．信号ラインと信号リターンを撚る構造として，周囲の磁界のノイズに対する除去効果をもたせています．また，特性インピーダンスが比較的安定していることから，高速ディジタル信号の伝送にもしばしば用いられます．なお，ツイストペアケーブルの特性インピーダンス

は，平行 2 線と同じ式（式 (4.1)，式 (4.2)）で計算できます．

電線を撚るだけで
ノイズがとれるんだよ
撚るのは「おまじない」
じゃないんだ！

図 4.20　ツイストペアケーブル

ツイストペアケーブルの用途

　計測用アナログ信号の用途には，シールドがないため通常用いられません．

　低速ディジタル信号伝送の用途としては，シールドはありませんが，平行 2 線ケーブルに比べて磁界ノイズの低減やクロストーク低減の効果があり，プラントなど計装の接点信号やトランジスタ出力信号などに使われています．計装用の信号ケーブルは信号本数が多いのが一般的で，低速ディジタル信号伝送で**多対ケーブル**（複数のツイストペアの心線が 1 本のケーブルに入ったケーブル）がしばしば用いられます．

　ツイストペア心線は多心化しても比較的インピーダンスが安定していてクロストークが少なく，高速信号の伝送にも用いられます．高速ディジタル信号伝送の用途でツイストペアケーブルがよく使われているのは，**LAN ケーブル**です．**図 4.21** は，4 対のツイストペアの心線が 1 本のケーブルに入った LAN ケーブルの写真です．LAN ケーブルは伝送速度に応じてカテゴリー（Category）分けされ，1000Base-T で使用される Category 5e UTP（Unshielded Twist Pair cable）（250 Mbps×4 ペア）や Category 6 UTP（500 Mbps×2 ペア）が広く使用されています．

ツイストペアのノイズ除去メカニズム

　図 4.22 は，磁界ノイズがツイストペアケーブルにより除去される原理を示しています．ノイズ源からの高周波電流が平行 2 線ケーブルを流れ，電線から磁界

図 4.21　4 対ツイストペアケーブル（LAN ケーブル）

が発生して被誘導側のツイストペアケーブルに結合しています．そのとき，破線矢印の向きはある瞬間の磁力線の向きを示し，ツイストペアケーブルには磁束の変化を妨げる向きに電流が流れます．ツイストペアケーブルはピッチごとに上下の電線が入れ替わりますので，1 本の電線に着目すると電流の向きが i_a, i_b のように逆方向になって相殺されるのです．これが，ツイストペアケーブルの電磁ノイズ除去のメカニズムです．なお，ツイストピッチが細かいほど磁界ノイズの除去能力が高くなります．

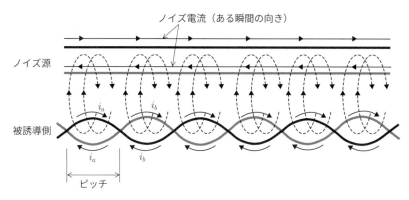

図 4.22　ツイストペアケーブルの磁界ノイズの除去メカニズム

　図 4.23 は，ノイズ源の高周波電流がツイストペアケーブルに流れる場合を示しています．ピッチごとにノイズ電流が流れる電線の位置が上下入れ替わるため，発生する磁力線の方向がピッチごとに逆方向となり，被誘導側の平行 2 線ケーブルに結合します．平行 2 線ケーブルには，結合する磁界の変化を妨げる向きに i_a, i_b のように電流が流れ，お互いに相殺されます．

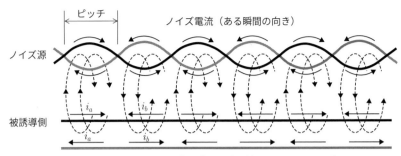

図 4.23　ツイストペアケーブルがノイズ源側のときのメカニズム

　上記のように，被誘導側またはノイズ源側をツイストペアケーブルにすることで，被誘導側のケーブルにはノイズ電流が流れなくなる効果（磁界ノイズ低減効果）があります．

　さて，被誘導側およびノイズ源側の両方にツイストペアケーブルを使用したらどうでしょうか．**図 4.24** に示すように両方をツイストペアケーブルとすると，せっかくノイズ源側ケーブルの磁力線の方向を交互に変化するようにしても，誘導電流が流れる電線の位置が上下入れ替わって，1 本の電線に着目すると電流が i_a, i_b のように再び元の方向（同一方向）に戻ってしまいます．すなわち，ノイズ電流を相殺できなくなります．

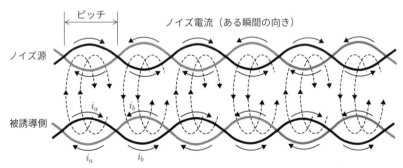

図 4.24　ノイズ源側，被誘導側とも同じピッチのツイストペアのとき

　では，ツイストペアケーブルどうしが隣接してノイズが誘導する場合はどうすればよいでしょうか．これは，複数のツイストペアケーブル間や，**多対ケーブル**のペア心線間で起こる課題です．この改善策としては，ツイストペアケーブルの間隔を広げた敷設，多対ケーブルのペア心線間へのスペーサ挿入，そして隣接す

るツイストペアのピッチを変えるなどの方法が採られます.

シールド付きツイストペアケーブル

図 4.25 の模式図に示すシールド付きツイストペアケーブルは,ツイストペアケーブルの外側にシールド導体を巻いた構造です.シールドを施すことで,シールド効果(本章 4.1.3 参照)をもたせることができ,ツイストペアの磁界低減効果と合わせて良好なノイズ除去特性が期待できます.

信号
信号リターン
シールド

図 4.25　シールド付きツイストペアケーブル(模式図)

計測用アナログ差動信号(高インピーダンス回路)では,静電シールドによって電界のノイズを低減できるとともに,心線ツイストペアによって + 側 − 側信号のバランスを高めることができ,広く用いられています.

低速ディジタル信号伝送の用途としては,平行 2 線ケーブルと同様,プラントなど計装の接点信号やトランジスタ出力など信号の低速伝送に使われています.

高速ディジタル信号伝送の用途として,差動伝送に適しており,近年多く使用されるようになってきました.以前は,高周波における損失や特性インピーダンスの安定性の問題で高速ディジタル信号伝送にはあまり使用されませんでしたが,低損失絶縁材質による高周波特性の良好なケーブルが開発され需要が拡大しました.代表例として,シールド付きツイストペアを 4 本収納した LAN ケーブル(4 ペアで 10 Gbps 伝送まで対応した Category 7)などがあげられます.LAN ケーブルは,図 4.21 に示したシールドなしツイストペアケーブル(UTP)が多いですが,高速化に伴ってシールド付きツイストペアケーブル(STP:Shielded Twisted Pair)が増えてくると推測されます.STP では,個別シールドによって,信号間クロストークが高い周波数まで大幅に低減されています.

一括シールド付き多対ケーブル

図 4.26 はシールド付き多対ケーブルの模式図で,複数のツイストペア線を一括シールドで包んだ構造になっています.

図 4.19 に示した一括シールド付き多心ケーブルに比べ,電界と磁界のノイズ低減効果およびクロストーク特性が良好です.計装の低速ディジタル信号用途の

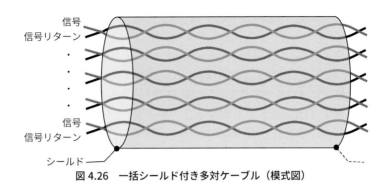

図 4.26　一括シールド付き多対ケーブル（模式図）

ほか，個別シールドに比べてローコストのため点数の多いアナログ入出力信号に
用いられています．隣接する信号間はシールドがないためコモンモードノイズの
影響を受けやすい欠点がありますが，同一デバイスからの多点アナログ信号など
グラウンドが共通となっている場合は問題になりません．

4.2.4　同軸ケーブル

　同軸ケーブルは，図 4.27 の模式図のように，信号ライン導線の周りを同心円
に導体で包んで信号リターンに接続する構造です．用いられる絶縁体には一般的
に絶縁特性に優れたポリエチレンが用いられ，低い周波数から高い周波数まで特
性インピーダンスが安定していますので，良好な信号伝送路として古くから使わ
れています．また，同軸外側の導体は，ノイズを除去するシールド（静電シール
ドおよび電磁シールド）の役目もしています．

　同軸ケーブルの外側導体は信号伝送路を形成していますので，両端をそれぞれ

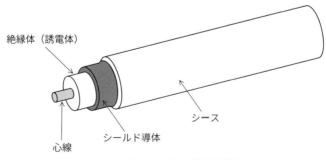

図 4.27　同軸ケーブルの外観模式図

信号リターンとしてシグナルグラウンド（SG）に接続する必要があり，通常は SG をフレームグラウンド FG と一体にします．両端のグラウンド間に電位差やノイズが存在する場合には，原則使用することができません．

　アナログ信号用途では，測定器などアナログ信号計測用，映像信号伝送，マイクロ波など RF（radio frequency）信号伝送など，幅広く用いられています．ただし，低レベルの計測用アナログ信号（精密アナログ計測）では通常差動入力が用いられ，1 入力あたり同軸ケーブルを，1 本ではなく，＋側信号用と－側信号用の 2 本を使います．

　高速ディジタル信号の伝送にも用いられ，高速クロック信号や制御信号をはじめ高速データの伝送にも用いられます．また，2 本の同軸ケーブルを使った高速ディジタル信号の差動伝送インタフェースは，10 Gbps 級またはそれを超える超高速信号の伝送用途に最近用いられるようになってきました．

　図 4.28 に示す同軸ケーブルの特性インピーダンスは，式 (4.3) で求められます．なお，D と d は同一単位（mm，m など）に統一して計算します．

$$Z_0 = \frac{60}{\sqrt{\varepsilon_r}} \log_e \frac{D}{d} \ \ \text{〔Ω〕} \tag{4.3}$$

ここに，D：外側導体の直径（内径），d：内部導体の直径
　　　　ε_r：絶縁体の比誘電率

図 4.28　同軸ケーブルの寸法（断面図）

オーディオ用シールド線

　同軸ケーブルと同様な構造のケーブルで，オーディオ用に用いられているものは，**シールド線**と呼ばれ，電界のノイズ（主に商用電源からの 50/60 Hz ノイズ）の信号への誘導を減らすのが目的です．シールド線は，高周波用途には適さないビニールが絶縁体に使われることが多く，また特性インピーダンスの規定が

ないことから，低周波専用と考えたほうがよいでしょう．

多心同軸ケーブル

　同軸ケーブルを複数本まとめて一体化した多心同軸ケーブルがあります．同軸ケーブルは漏えい磁界および漏えい電界が少ないため，クロストークの問題がほとんどなく，ケーブル本数を減らすための多心化が可能です．若干問題になるとすると，可撓性が低下する（曲げにくくなる）ことです．VGA ケーブルやコンポーネントケーブルなど映像信号ケーブルに使われています．

一括シールド付き同軸ケーブル

　少し特殊になりますが，同軸ケーブルを複数本まとめて周囲をシールド導体でくるんだ，一括シールド付き同軸ケーブルがあります．同軸ケーブルのシールド導体を信号リターン（SG）に接続し，一括シールド導体はシャーシに導電クランプなどで低インピーダンス接続します．このようにすることで，ノイズに強い安定した高速信号伝送が可能となります．ただし，ケーブルコストが高くなるのが課題です．

4.3　ケーブルへのフィルタ挿入対策

　フィルタにはディファレンシャルモードフィルタとコモンモードフィルタがあり，各モードで重畳するノイズに対して使用します．ディファレンシャルモードノイズに対してコモンモードフィルタを使用したり，コモンモードノイズに対してディファレンシャルモードフィルタを使用しても効果は期待できません．

◼4.3.1　コモンモードフィルタ

　コモンモードフィルタは，信号とモードの異なるコモンモードノイズを除去するフィルタです．言い換えると，コモンモードフィルタは，信号ラインに重畳しているコモンモードノイズがディファレンシャルモード（信号のモード）に変換されるのを抑える働きをします．

　信号ケーブルにフェライトコアを挿入するだけでコモンモードフィルタになります．**図 4.29** は，信号ケーブルへのフェライトコア挿入例で，伝搬してくるコ

モンモードノイズを低減する対策，または電子機器・装置で発生するコモンモードノイズによる EMI を低減する対策のどちらにも用いられます.

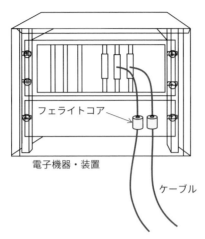

図 4.29　信号ケーブルへのフェライトコア挿入例

　図 4.30 は，1 対の電線（信号ケーブルの単純モデル）をフェライトコアに通したコモンモードフィルタの模式図で，**コモンモードチョーク**とも呼ばれます．このとき，1 対の電線が磁性体に 1 回巻かれたことと等価になってインダクタンスが磁性体の比透磁率 μ_r 倍増加します．そのため高周波ノイズに対してインピーダンスが上昇してコモンモードノイズが通りにくくなるのです．なお，入力信号（ディファレンシャルモード）はコモンモードチョークの 2 本の電線間に印加されるため，自己インダクタンス成分がキャンセルされ，コアの影響を受けません.

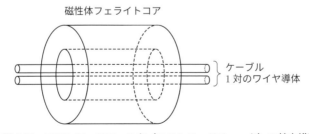

図 4.30　コモンモードフィルタ（コモンモードチョーク）の基本構造

入力信号に対するコモンモードチョークの作用
　ここで，入力信号がコアの影響を受けない理由およびコモンモードノイズが減

少する理由を，以下に数式を交えて説明します．

　図 **4.31** は，入力信号 V_d がコモンモードチョークに入力されたときの等価回路です．コモンモードチョークの 1 次と 2 次の間の相互インダクタンスを M とし，電流 I_d についてループ解析を行うと，式 (4.4) が成り立ちます．

$$V_d = (r_1 + r_2 + 2j\omega L - 2j\omega M + R_L)I_d \tag{4.4}$$

ここに，r_1 および r_2：信号源側抵抗，R_L：出力側負荷抵抗

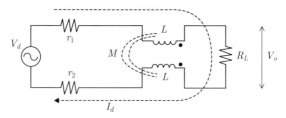

図 4.31　コモンモードチョークの入力信号に対する等価回路

$L \approx M$ とし，出力電圧 V_o を式 (4.4) から求めると，式 (4.5) となります．

$$V_o = R_L I_d = \frac{R_L}{r_1 + r_2 + R_L} V_d \tag{4.5}$$

　式 (4.5) の出力電圧 V_o は，周波数の依存性がなく（ω を含まない），入力信号 V_d が信号源抵抗 r_1 および r_2 と負荷抵抗 R_L によって分割された電圧になります．すなわち，コモンモードチョークがあってもなくても同じ出力信号 V_o になり，コモンモードチョークが信号に対して影響を与えないことがわかります．

コモンモードノイズに対するコモンモードチョークの作用

　一方，**図 4.32** は，コモンモードチョークにコモンモードノイズ V_c が印加されたときの等価回路です．図に示す電流 I_1 および I_2 についてループ解析を行うと，式 (4.6) および式 (4.7) が成り立ちます．

$$V_c = (r_1 + j\omega L)I_1 + j\omega M I_2 + R_L I_1 \tag{4.6}$$

$$V_c = (r_2 + j\omega L)I_2 + j\omega M I_1 \tag{4.7}$$

$L \approx M$ とし，式 (4.6) および式 (4.7) より I_1 を求めると，式 (4.8) となります．

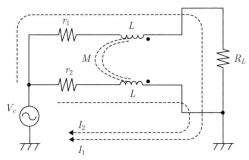

図4.32　コモンモードチョークのコモンモードノイズに対する等価回路

$$I_1 = \frac{V_c}{r_1 + R_L + j\omega L \cdot \dfrac{r_1 + r_2 + R_L}{r_2}} \tag{4.8}$$

そして，負荷側 R_L に出力される電圧 V_o は，式 (4.9) で表されます．

$$V_o = R_L \cdot I_1 = \frac{V_c}{\dfrac{r_1 + R_L}{R_L} + j\omega L\left(\dfrac{1}{R_L} \cdot \dfrac{r_1 + r_2}{r_2} + \dfrac{1}{r_2}\right)} \tag{4.9}$$

式 (4.9) において，$\dfrac{r_1 + R_L}{R_L}$ はコモンモードチョークと関係ない信号源抵抗 r_1 と負荷抵抗 R_L の分割による減少分で，コモンモードチョークの減少効果は $j\omega L$ の項が関係します．このインピーダンス $j\omega L$ が高いほど，また r_2 および R_L が低いほど V_o が小さくなり，コモンモードノイズが減少することになります．

式 (4.9) より，**コモンモード除去比**（CMRR，1 章 1.2.2 参照）は式 (4.10) で計算できます．

$$\begin{aligned}
CMRR &= 20\log\frac{V_c}{V_o} \\
&= 20\log\sqrt{\left(\frac{r_1 + R_L}{R_L}\right)^2 + \omega^2 L^2\left(\frac{1}{R_L} \cdot \frac{r_1 + r_2}{r_2} + \frac{1}{r_2}\right)^2} \quad \text{〔dB〕}
\end{aligned} \tag{4.10}$$

この式を Excel でグラフ化したのが，**図 4.33** です．このグラフでは，$R_L = 100\,\Omega$，$r_1 = 100\,\Omega$，$L = 10\,\mu\text{H}$ の条件で r_2 を $10\,\Omega$，$50\,\Omega$，$500\,\Omega$ と変化させて CMRR 特性変化をみたものです．CMRR は周波数の上昇に伴って高まり，r_2 の値が $500\,\Omega$ より $50\,\Omega$，さらに $10\,\Omega$ と低くなるほど CMRR が高くなること

がわかります．

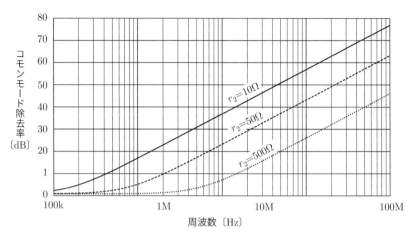

図4.33　コモンモードチョークのコモンモード除去率

コモンモードチョークの実測

　実際には，ストレーキャパシタンスの存在やコアの特性変化などによって，高い周波数での特性が変化してきます．

　ケーブルのコモンモード特性を調べるため，ケーブルを一体化した導体として扱い，代わりに電線1本にフェライトコアを装着して測定しました．**図4.34**(a)は，フェライトコアに単に通しただけ（電線をコアに1回巻したことになります）の写真で，図4.34(b)はフェライトコア周りに電線を3回巻した写真です．

　これらの試験サンプル（コアに電線1回巻と3回巻）に対してインピーダンス

(a) 1回巻（コアに通す）　　　　　　　(b) 3回巻（コアに3回通す）

図4.34　フェライトコアにケーブル想定ワイヤを通す

$Z = R + jX$ の測定を行いました．**図 4.35**(a) はコアに 1 回巻したときの測定結果，図 4.35(b) はコアに 3 回巻したときの測定結果を示したものです．

　図 4.35(a) において，64 MHz 位でリアクタンスがゼロ（並列共振点），これより少し高い周波数 100 MHz 位で $|Z|$ が最大となっています．共振点 64 MHz で $|Z|$ が最大とならない理由は，10 MHz 付近から周波数上昇とともに損失が増大するため，共振点と一致しなくなるためです．ちなみに，$|Z|$ が最大となる周波数 100 MHz では，$R + jX = 190 - j90$〔Ω〕の実測結果でした．

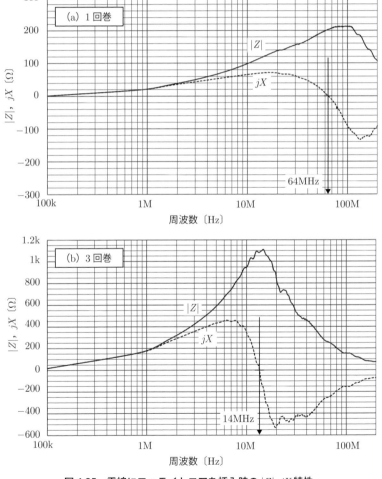

図 4.35　電線にフェライトコアを挿入時の $|Z|, jX$ **特性**

　また，図 4.35 (b) において，14 MHz 位でリアクタンスがゼロ（並列共振点）でかつ $|Z|$ が最大となります．そして 14 MHz より上の周波数でインピーダンスの大きさが減少し，200 MHz ではわずか $|Z| = 50\,\Omega$ 程度に低下します．

　コアに複数回ケーブルを巻くとインピーダンスが増加し，ノイズ除去特性が改善するといわれています．確かに，計算上 N 回フェライトコアを通すとインダクタンスが N^2 倍（3 回であれば $3^2 = 9$ 倍）となり，1 回巻に比べて低い周波数に対するノイズ防止の効果が高まります．しかし，低い周波数では改善しても，自己共振周波数（ストレー容量による並列共振周波数）が下がってしまい，高い周波数では逆にノイズ除去特性が改善されないことが起こり得るのです．したがって，ノイズの影響を減らしたい周波数を念頭に巻数を決める必要があります．

フェライトコア使用上の注意点

　コモンモードチョークに使われるフェライトコアには，図 5.33 のようなケーブルに挟むことのできるクランプ型コアと円形のトロイダルコアに大きく分けられます．

　クランプ型コアは，ケーブルや配線に後から追加できるので，追加や除去が容易にできて便利です．後から挟み込むことができるようにコアが分割され，プラスチックの弾性でコアどうしを固定するような構造になっています．そのため，コア接触部の圧力不足，ゴミなどによる特性変化，そして経年変化によるギャップ発生に注意する必要があります．少なくともケーブルクランプなどでコアの安定接触を確保する必要があります．

　トロイダルコアは，ケーブルや配線にあらかじめ通しておく必要がある代わり，可動部分がないのでギャップ発生の心配がなく，漏えい磁束が少なく特性が安定していて経年変化が少ない利点があります．ただし，クランプ型コアに比べて一般的にインダクタンスが小さく，巻数を多くしてインダクタンスを増やす必要があります．巻数を増やすとストレー容量が増えて共振周波数が低下するため，トロイダルコアでも，コモンモードノイズの影響を減らしたい周波数を念頭に，コア仕様と巻数を決める必要があります．

■4.3.2　ディファレンシャルモードフィルタ

　ディファレンシャルモードフィルタは，信号やパワーラインに挿入し，ノイズ

との周波数成分との違いを利用してノイズ除去をするものです.

　信号やパワーラインと同じディファレンシャルモードで挿入されますので,フィルタの特性が信号に直接影響します.　通常は,ローパスフィルタ特性をもち,信号成分より高い周波数成分のノイズ成分を低減させます.

フェライトビーズ

　ディファレンシャルモードノイズの重畳する信号に対し,**図 4.36** に示すように,基板上の信号ラインまたはケーブルの各心線に 1 個(または数個)のフェライトビーズを通す方法があります.比透磁率 μ_r のフェライトビーズを入れることで,インダクタンスが μ_r 倍になります.周波数が高くなるにしたがって,リアクタンス $j\omega L$ および損失分 R が増加して,インピーダンス $Z = R + j\omega L$ が高くなってローパスフィルタの特性をもちます.コモンモードチョークと外見が似て見えますが,信号線 1 本だけを通すので,ノイズ除去の動作および特性が大きく異なります.

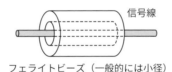

信号線

フェライトビーズ(一般的には小径)

図 4.36　ワイヤにフェライトビーズを挿入

フェライトビーズによるノイズ除去を行うときの注意点は以下の通りです.

①　信号に影響を与えない周波数特性のビーズを使う
　　フェライトビーズ挿入時は,信号への影響を極力避けるため,コアの選定など周波数特性を十分吟味します.

②　フェライトビーズによる高インピーダンス特性に注意
　　フェライトビーズを挿入すると,高い周波数で高インピーダンスになって電界のノイズの誘導を受けやすくなります.そのためノイズとの分離を徹底する必要があります(必要に応じて静電シールドを施します).

③　入出力間の結合に注意し,分離を徹底する
　　入出力の配線が近づいたり,付近の電線や浮いた金属などがあったりすると,入出力間の結合が発生して効果が減少してしまいます.

LC フィルタ

ディファレンシャルモードの LC フィルタの基本回路図を**図 4.37** に示します. インダクタンス成分 L は周波数が高くなるにしたがってインピーダンスが高くなり, コンデンサ C は逆にインピーダンスが低くなっていくことで, ローパスフィルタが構成されます.

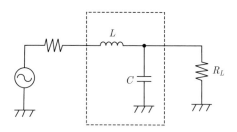

図 4.37　LC フィルタの基本回路図

　LC フィルタは, フェライトビーズ同様, 信号と同じディファレンシャルモードモードで作用しますので, 信号に影響を与えないようにする必要があります. パルス信号においては, ローパスフィルタのカットオフ周波数が低すぎると高次高調波が減少して, パルスの過渡変化時（立上りおよび立下り）の角がなまる副作用が現れます. 波形なまりは, タイミング遅延による誤動作や, **図 4.38** のようななだらかな信号変化によるイミュニティ低下に結びつきます. なだらかな信号変化によって中間レベルの時間が長くなり, 特にスレッショルド付近で信号に

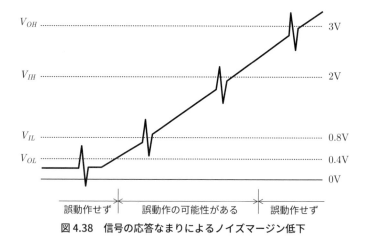

図 4.38　信号の応答なまりによるノイズマージン低下

ノイズが重畳すると，わずかなノイズで誤動作が発生するためです．

　ディファレンシャルモードフィルタで注意すべきもう1つの点は，フィルタの共振です．図4.39は，EMI低減のため信号ラインに挿入して用いられるπ型LCフィルタの回路例です．一般的にデータシートでは50Ω負荷で測定されていますが，実際の負荷抵抗は50Ωとは限らず，負荷抵抗が高い場合は共振が顕在化してしまいます．

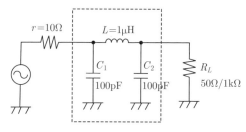

図4.39　π型 LC フィルタ回路例

　図4.40は，負荷抵抗を50Ωそして1kΩとしたときのπ型LCフィルタ回路の出力周波数特性をSPICEシミュレーションにより解析したものです．負荷抵抗50Ωのときは山のないローパス特性ですが，1kΩのときは16MHz付近に共振の山が現れ，ピーク電圧は14dBも上昇しています．すなわち，負荷抵抗が高い場合には，π型LCフィルタを入れたことにより，特定周波数でノイズ電圧が増加する副作用が起こります．

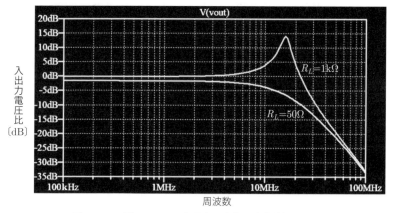

図4.40　π型 LC フィルタ回路の出力周波数特性例

　また，実際に即して π 型 LC フィルタ回路出力にケーブルを接続するとどうでしょうか．図 4.41 にケーブルを接続したときの回路モデルを示すとともに，図 4.42 に SPICE シミュレーションによる出力周波数特性を示します．負荷抵抗 50 Ω のときは，12 MHz，24 MHz，36 MHz，……と偶数次周波数で山が発生しますが，最大でも 0 dB を超えずに徐々に低下しています．一方，負荷抵抗 1 kΩ のときは，6 MHz，18 MHz，30 MHz，……と基本周波数と奇数次周波数で最大 14 dB もある複数の山が発生しています．

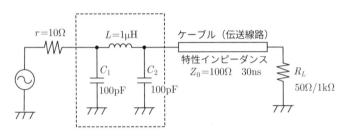

図 4.41　π 型 LC フィルタ回路 + ケーブルのモデル

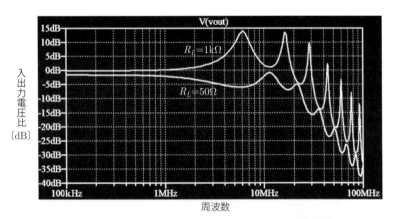

図 4.42　π 型 LC フィルタ回路 + ケーブルの出力電圧周波数特性例

　実は，出力電圧にこのような山が発生する原因はケーブルの共振によるもので，π 型 LC フィルタ回路が直接の原因になるものではありません．ただし，π 型 LC フィルタを付けても，負荷抵抗が高い場合はケーブルの共振が顕在化し，出力電圧に複数の大きな山が発生するのを抑えることができないことに着目する必要があります．

4.4　ケーブルの実験と分析

● 4.4.1　各種ケーブルへの空間ノイズ誘導実験

〔実験の目的〕

　信号ケーブルが敷設されている近傍のノイズ源から，空間経由で誘導を受けることがあります．以下の代表的なケーブルによる空間ノイズ誘導実験を行い，ケーブルの種類やノイズ発生源が「磁界」か「電界」かの違いを体感してみましょう．

〔1〕平行2線ケーブル

　平行2線ケーブルは，信号ラインと信号リターンを一定間隔で平行させて伝送する構造です．実験では，平行2線の間隔固定ケーブルと間隔を可変できるケーブルを用意し，ケーブル間隔による誘導の違いを測定します．なお，発生源を磁界と電界に切り替えて誘導の違いを観測します．

〔2〕シールド付き平行2線ケーブル

　シールド付き平行2線ケーブルは，平行2線ケーブルの外側にシールド導体を巻き付ける構造です．実験では，〔1〕の平行2線ケーブルと同一構造のケーブルの外側にアルミ箔の導体を巻き付けることで，平行2線ケーブルとの比較を行います．磁界と電界に対するシールド効果の違い，グラウンド接続の有無による違いを観測します．

〔3〕ツイストペアケーブル

　2本の電線を撚り合わせたツイストペアケーブルに対する誘導を測定します．磁界と電界に対してどのような特性を示すか，実験を行います．

〔4〕同軸ケーブル

　同軸ケーブルは，信号導線の周りを同心円にシールド導体で包む構造で，信号リターンがこのシールド導体になります．磁界と電界に対する誘導特性を観測します．

〔実験セットアップ〕

　図 4.43 に実験のセットアップ模式図を示します．ノイズ発生源としてファンクションジェネレータを使用し，磁界を発生させるときは，図 4.44 の矩形の

ループの両端にファンクションジェネレータ出力を接続して電流を流します．また，電界を発生させるときは，矩形ループの接続部のグラウンド側をオープンとして電流を流さずに電圧のみ印加するようにします．

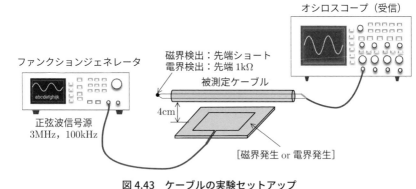

図 4.43　ケーブルの実験セットアップ

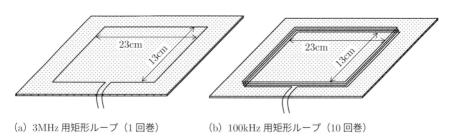

（a）3MHz 用矩形ループ（1 回巻）　　　　（b）100kHz 用矩形ループ（10 回巻）

図 4.44　発生源矩形ループ模式図

　被測定ケーブルは，矩形ループからスペーサを介して上方 4 cm の位置に矩形ループをまたぐように配置します．被測定ケーブルの左端は，磁界を検出するときはショート，電界を検出するときは 1 kΩ の抵抗器を接続します．右端（受信端）は，同軸ケーブルを経由してオシロスコープに入力し，波形を観測します．なお，**図 4.45** の写真は，平行 2 線の間隔固定ケーブル（線間隔 12 mm）で，実

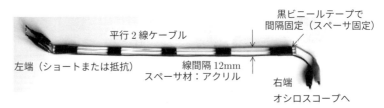

図 4.45　平行 2 線ケーブル（比較用基準ケーブル）

験で使う比較用基準ケーブルとします.

〔測定内容および実測結果〕

〔1〕平行 2 線ケーブルの実験

（測定内容）

　平行 2 線間隔固定ケーブル（比較基準）および間隔を可変できる平行 2 線ケーブルを，3 MHz の「磁界」または「電界」を発生させた矩形ループ上 4 cm の位置に置き，オシロスコープ 2 ch で同時観測しました.

（実測結果）

　図 4.46 に測定結果を示します.

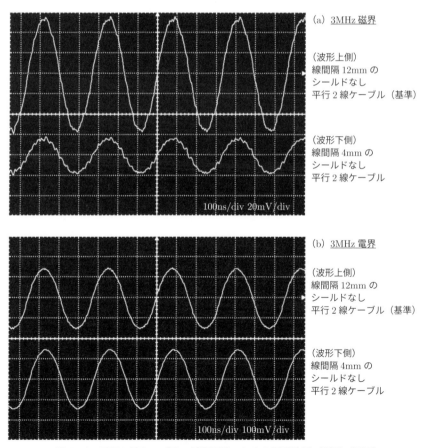

(a) 3MHz 磁界

（波形上側）
線間隔 12mm の
シールドなし
平行 2 線ケーブル（基準）

（波形下側）
線間隔 4mm の
シールドなし
平行 2 線ケーブル

100ns/div 20mV/div

(b) 3MHz 電界

（波形上側）
線間隔 12mm の
シールドなし
平行 2 線ケーブル（基準）

（波形下側）
線間隔 4mm の
シールドなし
平行 2 線ケーブル

100ns/div 100mV/div

図 4.46　平行 2 線ケーブルの線間隔違いによる誘導波形（磁界／電界）

　図 4.46(a) は 3 MHz「磁界」に対して平行 2 線ケーブル線間隔を変えたときの誘導波形です．波形上側は，実験の基準とした線間隔 12 mm 平行 2 線ケーブルに誘導した波形で，110 mV$_{\mathrm{p-p}}$ の誘導電圧が観測されました．波形下側は，線間隔を 4 mm と狭くしたときの誘導する波形で，30 mV$_{\mathrm{p-p}}$ の誘導電圧が観測されました．波形上側に比べて 30% 程度に低減しました．

　図 4.46(b) は 3 MHz「電界」に対して平行 2 線ケーブル線間隔を変えたときの誘導波形です．波形上側は，実験の基準の線間隔 12 mm 平行 2 線ケーブルに誘導した波形で，310 mV$_{\mathrm{p-p}}$ の誘導電圧が観測されました．波形下側は，線間隔を 4 mm と狭くしたときの誘導する波形ですが，波形上側とほぼ同様の 300 mV$_{\mathrm{p-p}}$ の誘導電圧が観測されました．線間隔を狭めても，電界に対しては影響がほとんど変わらない結果でした．

　線間隔を少しずつ変化させたときの磁界および電界の誘導電圧を測定し，グラフに描きました．**図 4.47**(a) は 3 MHz「磁界」に対する誘導電圧の変化を表したものです．線間隔が広いほどほぼ比例して誘導電圧が高くなることが確認できました．一方，図 4.47(b) は 3 MHz「電界」に対する誘導電圧の変化を表したものです．電界に対しても，線間隔が広いほど誘導電圧が高くなる傾向は同様でした．ただし，電界の場合は，線間隔変化に対する誘導電圧増加の傾きがわずかで，線間隔が 0 のときに誘導電圧は 0 とならずに 300 mV$_{\mathrm{p-p}}$ 残る，という特性の違いを確認しました．

〔2〕シールド付き平行 2 線ケーブルの実験

（測定内容）

　平行 2 線間隔固定ケーブル（比較基準）およびシールド付き平行 2 線ケーブルを 3 MHz/100 kHz の「磁界」または 3 MHz「電界」を発生させた矩形ループの上方 4 cm の位置に置き，オシロスコープ 2 ch で同時観測しました．なお，ケーブルのシールドは，まずグラウンドに接続しないオープン状態とし，実験に応じてグラウンド接続（ファンクションジェネレータ GND 接続）をしました．

（実測結果）

● 3 MHz/100 kHz 磁界に対するシールド効果

　図 4.48 に 3 MHz/100 kHz の「磁界」に対する測定結果を示します．

　図 4.48(a) は，3 MHz の「磁界」に対し，シールド付き平行 2 線ケーブルのシールド効果を観測した結果です．波形上側は，比較基準用の平行 2 線ケーブル（線間隔 12 mm）に誘導する波形で 110 mV$_{\mathrm{p-p}}$ の誘導電圧が観測され

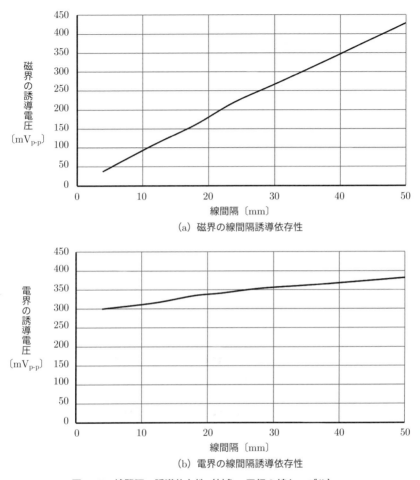

(a) 磁界の線間隔誘導依存性

(b) 電界の線間隔誘導依存性

図 4.47　線間隔の誘導依存性（対象：平行 2 線ケーブル）

ています．波形下側は，シールド付き平行 2 線ケーブルに誘導する波形で，
$6\,\mathrm{mV_{p\text{-}p}}$ 程度と非常に低いレベルとなりました．

図 4.48(b) は，100 kHz の「磁界」に対し，シールド付き平行 2 線ケーブル
のシールド効果を観測した結果です．波形上側は，基準の平行 2 線ケーブル
に誘導する波形で，100 kHz において $33\,\mathrm{mV_{p\text{-}p}}$ の電圧が観測されました．
波形下側は，シールド付き平行 2 線ケーブルに誘導する波形で，$13\,\mathrm{mV_{p\text{-}p}}$
の誘導電圧が観測されました．磁界 3 MHz の周波数を下げて 100 kHz にす

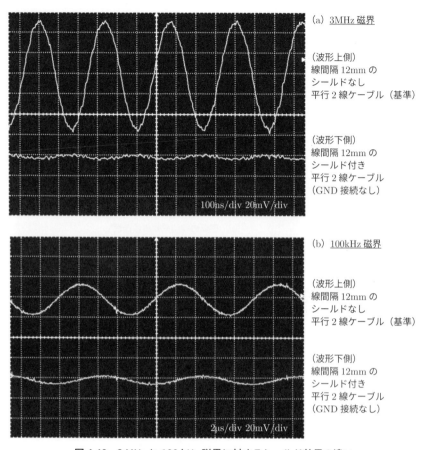

(a) 3MHz 磁界

（波形上側）
線間隔 12mm の
シールドなし
平行 2 線ケーブル（基準）

（波形下側）
線間隔 12mm の
シールド付き
平行 2 線ケーブル
（GND 接続なし）

100ns/div 20mV/div

(b) 100kHz 磁界

（波形上側）
線間隔 12mm の
シールドなし
平行 2 線ケーブル（基準）

（波形下側）
線間隔 12mm の
シールド付き
平行 2 線ケーブル
（GND 接続なし）

2μs/div 20mV/div

図 4.48　3 MHz と 100 kHz 磁界に対するシールド効果の違い
（シールド付き平行 2 線ケーブル（GND 接続なし）への誘導）

ると，電磁シールド効果が大きく低下するのが確認されました．

なお，3 MHz/100 kHz の磁界に対して，シールドをグラウンド接続してみ
ましたが，グラウンド接続の有無はシールド効果に影響しませんでした．

● 3 MHz 電界に対するシールド効果

図 4.49 は 3 MHz 電界に対する誘導波形です．波形上側は基準とした平行 2
線ケーブルに誘導した波形で，300 mV$_\text{p-p}$ 電圧が観測されています．波形中
央は，シールド付き平行 2 線ケーブル（シールドのグラウンド接続なし）に
誘導した波形です．誘導電圧 300 mV$_\text{p-p}$ で，波形上側と誘導電圧が変わら

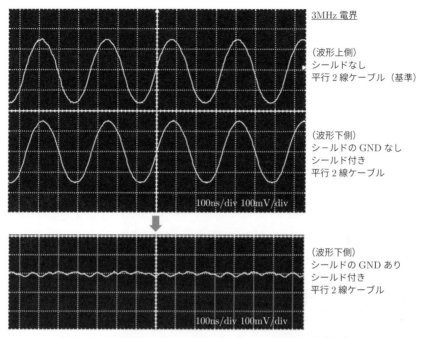

3MHz 電界

（波形上側）
シールドなし
平行 2 線ケーブル（基準）

（波形下側）
シールドの GND なし
シールド付き
平行 2 線ケーブル

100ns/div 100mV/div

（波形下側）
シールドの GND あり
シールド付き
平行 2 線ケーブル

100ns/div 100mV/div

**図 4.49　電界に対するケーブルシールドの GND 接続の有無の違い
（シールド付き平行 2 線ケーブルへの誘導電圧）**

ず，シールド効果はありませんでした．電界に対しては，シールド付きケーブルであっても，グラウンドに接続しなければシールド効果がないことが確認できました．

波形下側は，シールドをグラウンド接続したときのシールド付き平行 2 線ケーブルに誘導する波形です．電界 3 MHz の成分は現れていませんので，シールド効果が高いことが確認できます．ただし，印加電界とは別のノイズが 25 mV$_{p-p}$ 程度観測されました．

〔3〕ツイストペアケーブルの実験
（測定内容）

平行 2 線間隔固定ケーブル（比較基準）およびツイストペアケーブルに対し，3 MHz「磁界」または 3 MHz「電界」を発生させた矩形ループの上方 4 cm の位置に置き，オシロスコープ 2 ch で同時観測しました．

227

（実測結果）

図 4.50(a) は，3 MHz「磁界」に対し，ツイストペアケーブルの効果を観測した結果です．波形上側は，基準の平行 2 線ケーブルに誘導する波形で 110 mV$_{p-p}$ の誘導電圧が観測されています．波形下側は，ツイストペアケーブルに誘導する波形で，3 MHz 成分を含まず非常に低いレベル 5 mV$_{p-p}$ 程度となりました．

図 4.50(b) は，3 MHz「電界」に対し，ツイストペアケーブルの効果を観測した結果です．波形上側は，基準の平行 2 線ケーブルに誘導する波形で 290 mV$_{p-p}$ の誘導電圧が観測されました．波形下側は，ツイストペアケーブルに誘導する波形で，波形上側と同様の 290 mV の誘導電圧が現れました．この結果から，ツイ

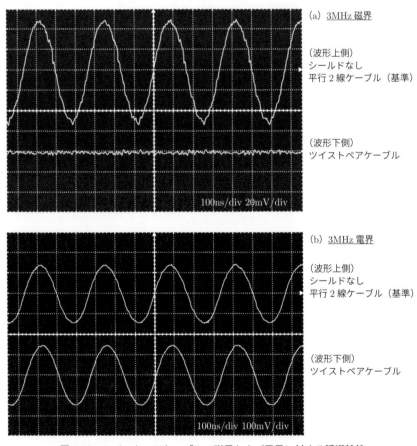

(a) 3MHz 磁界

（波形上側）
シールドなし
平行 2 線ケーブル（基準）

（波形下側）
ツイストペアケーブル

100ns/div 20mV/div

(b) 3MHz 電界

（波形上側）
シールドなし
平行 2 線ケーブル（基準）

（波形下側）
ツイストペアケーブル

100ns/div 100mV/div

図 4.50　ツイストペアケーブルの磁界および電界に対する誘導特性

ストペアケーブルは，電界に対して低減効果がないことが確認されました.

〔4〕同軸ケーブルの実験

（測定内容）

　平行 2 線間隔固定ケーブル（比較基準）および同軸ケーブルを 3 MHz の「磁界」または「電界」を発生させた矩形ループの上方 4 cm の位置に置き，オシロスコープ 2 ch で同時観測しました.

（実測結果）

　図 4.51 (a) は，3 MHz「磁界」に対し，同軸ケーブルの効果を観測した結果です. 波形上側は，基準の平行 2 線ケーブルに誘導する波形で 110 mV$_{\text{p-p}}$ の誘導電圧が観測されています. 波形下側は，同軸ケーブルに誘導する波形で，3 MHz 成分は含まれず，非常に低いレベル 5 mV$_{\text{p-p}}$ 程度のノイズのみが観測されました.

　図 4.51 (b) は，3 MHz「電界」に対し，同軸ケーブルの効果を観測した結果です. 波形上側は，基準の平行 2 線ケーブルに誘導する波形で 300 mV$_{\text{p-p}}$ の誘導電圧が観測されています. 波形下側は，同軸ケーブルに誘導する波形で，20 mV$_{\text{p-p}}$ 程度の誘導電圧でした. 波形上側の誘導電圧の 7％程度（93％減少）に相当し，一定の除去効果が確認されました. なお，同軸ケーブルの受信端はオシロスコープのグラウンドに接続されていますが，先端のシールドはグラウンドには接続していない状態で測定しました.

〔解説と分析〕

〔1〕平行 2 線ケーブルの実験

● 3 MHz「磁界」に対する誘導実験の結果（図 4.46 (a)），線間隔を 12 mm から 4 mm と狭くしたとき 30％程度誘導電圧が低減し，影響を受けにくくなりました. この理由は，線間隔が狭くなると線間の鎖交磁束が減少するためで，線間隔が 12 mm→4 mm で $\frac{1}{3}$ となり誘導電圧 $\frac{1}{3}$ 程度となったと考えられます.

● 3 MHz「電界」に対する誘導実験の結果（図 4.46 (b)）で，線間隔を狭めても影響がほとんど変わらない結果でした. これは，電界による誘導ですので，ケーブルと矩形コイル間の等価容量に依存するためです. 誘導は，線間隔よりも矩形コイルとの位置関係が関係しており，線間隔が 12 mm から 4 mm に変化しても等価容量の変化がわずかであったと考えられます.

● 図 4.47 (a) の線間隔と誘導電圧の関係を表したグラフ（磁界）で，（誘導電圧

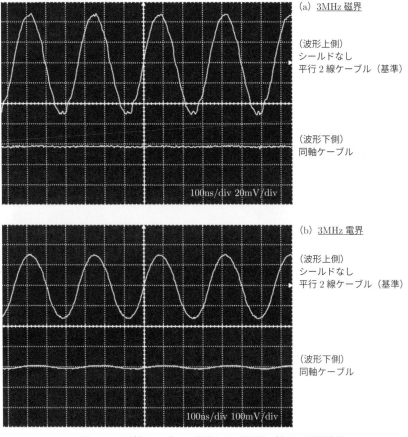

(a) 3MHz 磁界

（波形上側）
シールドなし
平行 2 線ケーブル（基準）

（波形下側）
同軸ケーブル

100ns/div 20mV/div

(b) 3MHz 電界

（波形上側）
シールドなし
平行 2 線ケーブル（基準）

（波形下側）
同軸ケーブル

100ns/div 100mV/div

図 4.51　同軸ケーブルの磁界および電界に対する誘導特性

／線間隔）の傾きが $8.4\,\mathrm{mV/mm}$ となり，線間隔を仮にグラフ上の 0 まで延長すると誘導電圧が $0\,\mathrm{mV}$（切片 0）となります．誘導電圧が線間隔に比例して上昇する理由は，線間隔が 0 では鎖交磁束が 0，線間隔を広げていくと鎖交磁束が比例して増加するためです．

● 図 4.47(b) の線間隔と誘導電圧の関係を表したグラフ（電界）では，線間隔変化に対する誘導電圧増加の傾きが小さいながら増加する傾向でした．この理由は，誘導電圧がケーブルと矩形コイル間の等価容量に依存するためです．ケーブルの線間隔を広げると，ケーブル線が矩形コイルの導線部分に近づき等価容量が少しずつ増加し，それに伴って誘導電圧がわずかずつ増えて

いくと考えられます.

〔2〕シールド付き平行 2 線ケーブルの実験

● 3 MHz 磁界に対する誘導波形観測の結果(図 4.48(a)),グラウンドを接続していない状態でも誘導電圧が非常に低いレベルとなり,シールド効果が確認できました.この理由は,高周波の磁界に対してケーブルのシールド材料に渦電流が流れ,電磁誘導による電磁シールド効果をもつためです.周波数が高いほうが電磁シールド効果が高くなり,一定の周波数以上でシールド効果が飽和します.3 MHz の周波数では飽和する周波数以上となり,シールド効果が高い状態と考えられます(3 章 3.4 節参照).

● 100 kHz 磁界に対する誘導波形観測の結果(図 4.48(b)),3 MHz の磁界に比べて誘導量が増加(シールド効果が低下)しました.この理由は,低い周波数により渦電流が減少して電磁シールド効果が低下したためと考えられます.

● 3 MHz 電界に対する誘導波形観測の結果(図 4.49),シールドをグラウンド接続することでシールド効果が確認できましたが,3 MHz 電界とは別のノイズ 25 mV$_{p-p}$ 程度が観測されました.このノイズの原因は,3 MHz 電界と周波数が異なっていて,計測器ファンクションジェネレータのグラウンド(シールドを接続した箇所)に重畳しているノイズと考えられます.

〔3〕ツイストペアケーブルの実験

● 3 MHz 磁界に対する誘導波形観測の結果(図 4.50(a)),シールドがなくてもシールド効果が高いことが確認されました.これは,正にツイストペアの効果で,矩形ループからの磁界により発生する電流が,ツイストペアのピッチごとに逆向きになって相殺されることによります(本章 4.2.3 参照).

● 3 MHz 電界に対する誘導波形観測の結果(図 4.50(b)),ツイストペア効果がないことが確認されました.電界による誘導は矩形コイルとの等価容量に依存するので,ツイストペアでピッチごとに配線が逆となっても誘導電流は同じ向きに電流が流れるためです.すなわち,ツイストペアのピッチごとに相殺される効果が現れないのです.

〔4〕同軸ケーブルの実験

● 3 MHz 磁界に対する誘導波形観測の結果(図 4.51(a)),シールド効果が高い結果が得られました.この理由は,同軸ケーブルの心線の周囲を囲むシールド導体の働きで,信号リターン電流を確実に流すことができ,磁界に対す

る十分な低減効果が現れるためと考えられます（本章 4.2.4 参照）.

- 3 MHz 電界に対する誘導波形観測の結果（図 4.51 (b)），誘導された波形の電圧は 7%程度（93%減少）に相当し，一定のシールド効果が確認されました．実験では，同軸ケーブルの受信端はオシロスコープのグラウンドに接続されていますが，先端のシールドはグラウンドに接続されていません．さらに静電シールド効果を高めるためには，同軸ケーブルの両端でのグラウンド接続が必要となります．試みに，抵抗接続側端のシールドを太く短いケーブルでオシロスコープのグラウンドに接続すると，この誘導電圧をさらに半減できることが確認されました．電界による誘導を減らすには，グラウンド低インピーダンス化が必要なことがわかります.

◉4.4.2 信号ケーブルへのコモンモードノイズ誘導の実験

〔実験の目的〕

ノイズの周波数成分に対して信号ケーブルが共振（コモンモードの共振）すると，ケーブルにびっくりするほど大きなノイズが誘起します．これは，ちょうど共振アンテナがもっとも効率のよいアンテナ（送信，受信とも）となることと原理は同様です．例えば，信号源側でグラウンドからオープンかつ受信側がフォトカプラなどでグラウンドと絶縁されている場合なら，$\frac{\lambda}{2}$（半波長）およびその整数倍の周波数で共振します．このとき，ケーブルの両端はインピーダンス（対グラウンド間）が高く，電界のノイズ源が近傍にあるとわずかな容量結合でケーブルにノイズが誘起します.

このような状況を実験により再現させ，ケーブルの共振現象を身近なものとして経験してみましょう.

〔実験セットアップ〕

ケーブルに対して想定されるノイズ源として，モータや電磁バルブなどインダクタンス負荷を遮断する際に発生するサージ電圧があります．実験では，ノイズ発生源として電動ファン（ノイズ防止回路の内蔵されていないもの）の電源 OFF 時の発生ノイズを利用します.

図 4.52 に実験のセットアップ模式図を示します．グラウンド板としては 1.2 m×2.0 m のアルミ板を用い，その上に 1.5 cm 厚のスペーサ（実験では段

ボール紙）を置きます．スペーサの上には，ノイズ源の電動ファン（DC 24 V，0.2 A，ノイズ防止回路なし）を置き，電動ファンの中心から 10 cm 離した位置に 4 m 長の電線端を 10 cm 程度に近づけます（図中の①）．なお，ケーブルが受けるノイズはコモンモードの誘導になりますので，ケーブルを一体化導線として扱うことができ，実験ではケーブルの代わりに電線を使います．

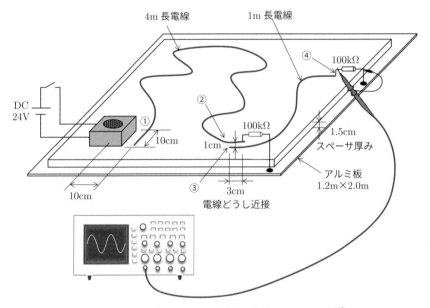

図 4.52　ケーブルへのノイズ誘導の実験セットアップ[12)]

4 m 長の電線は重ならないように配置するとともに，電線の反対端（図中の②）には，100 kΩ の抵抗器を接続します．100 kΩ の抵抗器は極端に高い抵抗となるのを避けるためで，商用電源ラインや測定系からの低周波誘導の影響を減らすことができ，高インピーダンス回路の抵抗を想定しています．さらに，この4 m 長の電線の端と 1 cm の距離をおき，別の 1 m 長の電線端をセット（図中の③）して疎結合するとともに，電線どうしはお互いに影響しないように離して配置します．なお，1 m 長の電線の反対端（図中の④）にも 100 kΩ の抵抗器を接続します．

〔測定内容および実測結果〕

ノイズ発生源は，ON の状態のファンのスイッチを OFF にしたときにサージ

が発生します．ファンはインダクタンス成分をもっており，電流の遮断時に高い
サージ電圧が発生し，主に電界が周囲に発生します．

　図 4.53 は，ファンのスイッチを OFF にしたときの測定点②の実測波形を示し
たものです．（a）は時間軸 100 ns/div での観測波形，（b）は T_{bgn} 部分の時間軸拡
大（20 ns/div）波形です．（a）の減衰振動波形の時間軸後半の T_{prd} 区間におい

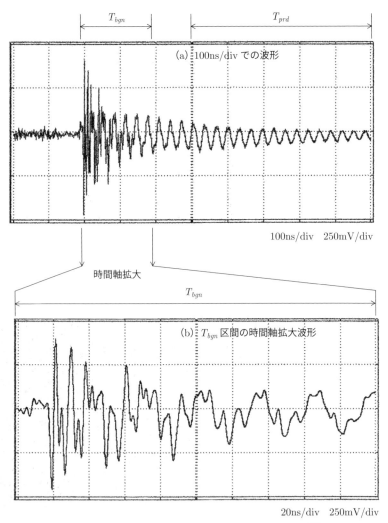

図 4.53　測定点②（図 4.52 において）の実測波形 [12)]

て，33 MHz の減衰振動波形が観測されました．また，ノイズ発生初期の T_{bgn} 区間において，33 MHz の 2 倍以上の高い周波数成分がいくつか加わった状態が観測でき，時間経過とともに高い周波数成分が減少していく様子が観測できます．

　図 4.54 は，ファンのスイッチを OFF にしたときの測定点④の実測波形を示したものです．時間軸から周波数を読み取るとおおむね 136 MHz 程度の減衰振動波形となっています．

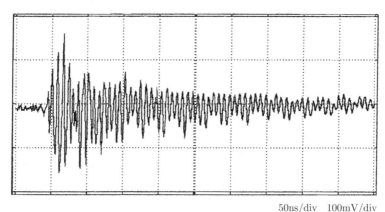

50ns/div　100mV/div

図 4.54　測定点④（図 4.52 において）の実測波形 [12]

〔解説と分析〕

- ファンから発生するサージ電圧は急峻な波形と考えられ，高い周波数成分まで含まれていると推測できます．このサージ電圧が電界のノイズとなって，近接する 4 m 電線に静電誘導（キャパシタンス結合）しますが，このとき 4 m 電線の共振周波数の成分が大きく現れます．

- **図 4.55** は，この実験の等価回路を示しています．このとき，ノイズ源と 4 m の電線との結合容量 $C_{c1} = 0.2$ pF，4 m の電線と 1 m の電線との結合容量 $C_{c2} = 0.1$ pF としています．また，グラウンド上の電線を伝送線路（マイクロストリップライン）とみなしたときの特性インピーダンス $Z_0 = 200$ Ω，そして 4 m の電線の伝搬時間 15.1 ns，1 m の電線の伝搬時間は $\frac{1}{4}$ の 3.78 ns としています．

- **図 4.56** は，図 4.55 に示された測定点②および④の周波数特性を SPICE シミュレーションにより解析した結果です．図 4.56(a) より，周波数 33 MHz

235

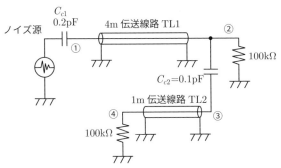

図 4.55 ケーブルへのノイズ誘導の実験の等価回路 [12)]

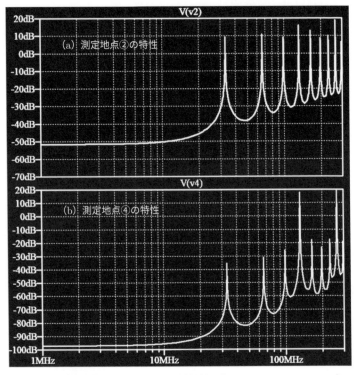

図 4.56 等価回路（図 4.55）の周波数特性（SPICE シミュレーション）

およびその整数倍の周波数 66 MHz，99 MHz，132 MHz，……で，共振により 0 dB を超える大きな電圧が測定点②に現れることが確認できます．

この 33 MHz の周波数は，実験での実測波形（図 4.53）の T_{prd} 区間で観測

された 33 MHz と一致していて，ケーブルの共振による現象の裏付けになります．また，実測波形において，ノイズ発生初期の T_{bgn} 区間において高い周波数成分が観測されましたが，これは 33 MHz の整数倍の 66 MHz，99 MHz，132 MHz，……の高調波成分と考えられます．

● 図 4.56(b) において，わずか 0.1 pF の容量結合で，1 m 電線の先端に 132 MHz（33 MHz×4）の大きな電圧が現れることが示されています．この周波数の波形が，上記の実測波形（図 4.54）で観測された 136 MHz とほぼ一致していて，この波形が現れた理由も共振によるものとわかります．なお，図 4.56(b) では，4 m の電線から誘導する 33 MHz，66 MHz，99 MHz の成分も見えますが，1 m の電線では共振しないため −30 〜 −20 dB の小さな電圧となり，実測（図 4.54）では確認できないレベルです．

4.5　ケーブルに関する事例分析

事例 4.1

通信路から発生する漏えい電磁ノイズの低減

〔課題〕

　通信用モデムからの漏えい電磁ノイズが大きく，他の機器への影響を最小限とするため放射を低減させる必要がありました．しかし，使用する通信伝送路自体は，シールドがないだけでなく，既存ケーブルや電力線を利用することが前提のためアンバランス成分が大きい状況で解決する必要がありました．

〔分析〕

　図 4.57 に示すように，通信モデムには絶縁用の信号トランスが内蔵され，信号トランスの 2 次側から外部の通信伝送路に接続されています．この通信伝送路にアンバランス成分があると，通信モデムからの信号（ディファレンシャルモード）がコモンモードに変換されてしまいます．通信伝送路にコモンモード電流が流れると，通信伝送路と大地リターンにより閉ループが構成され，空間に漏えい電磁ノイズが放射されてしまうのです．

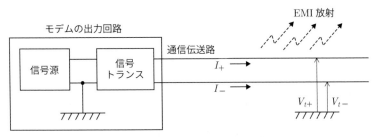

図 4.57　コモンモード放射の発生

　信号トランス（巻き線比 1：1）と抵抗ネットワーク（伝送路を置き換えたも
の）で表した信号出力部の等価回路を**図 4.58** に示します．信号トランスの 1 次
2 次間のストレーキャパシタンスのアンバランス分を ΔC_{12} としています．ま
た，通信伝送路のアンバランス分を終端抵抗ネットワークのアンバランス抵抗
$\Delta R = 10\,\Omega$ で代表させ，外部配線（通信伝送路）に相当する部分に流れる電流
を I_+ および I_- とします．ディファレンシャルモードの信号がコモンモードに変
換されにくい率 CL（Conversion Loss）は，式 (4.11) で計算できます．

$$CL = 20 \log \frac{|I_{dif}|}{|I_{com}|} = 20 \log \frac{\left|\frac{1}{2}(I_+ - I_-)\right|}{|I_+ + I_-|} \quad \text{〔dB〕} \tag{4.11}$$

ここに，I_{dif}：ディファレンシャルモード電流

　　　　I_{com}：コモンモード電流

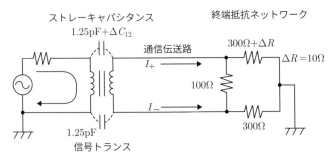

図 4.58　モデム出力回路と終端抵抗ネットワークの等価回路 [11]

　図 4.58 の等価回路に対して SPICE シミュレーションを用い，上記の CL を算
出した結果を**図 4.59** に示します．この結果から，通信伝送路にアンバランス

（$\Delta R = 10\,\Omega$）がある場合でも，信号トランスのストレーキャパシタンスを極力バランスさせる（ΔC_{12} を 0 に近づける）ことで CL を高くできることがわかります．

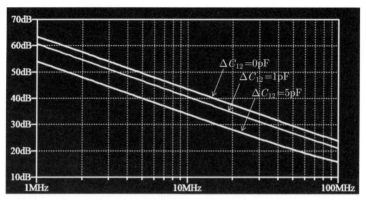

図 4.59　モデム出力回路と終端抵抗ネットワークによる CL（SPICE 解析）

〔改善策の検討〕

　以上の分析から，信号トランスのストレーキャパシタンスがバランスしていなくてもバランスを強化する手段を追加すれば，漏えい電磁ノイズを減らすことができると考えました．そして，バランスを強化する手段として，信号トランスの 1 次側にバランを挿入する方法を以下に検討します．

　信号トランス 1 次側はシングルエンド駆動ですので，バラン挿入前はコモンモード成分は信号の $\frac{1}{2}$ ですが，バランを挿入するとコモンモード成分をほぼ 0 にすることができます．バランの効果により，信号トランス 1 次側はバランスしたディファレンシャルモードで励振されるため，2 次側へ伝達されるコモンモード電流が低減すると考えられます．

　図 4.60 は，バラン挿入時の出力回路と終端ネットワークの等価回路です．この等価回路に対して SPICE シミュレーションを用い，CL の解析結果を図 4.61 に示します．図 4.59 と図 4.61 を比較すると，バランの効果によって，ストレーキャパシタンスのアンバランス分 ΔC_{12} が大きくても CL を大きくできることがわかります．$\Delta C_{12} = 5\,\mathrm{pF}$ と大きい場合には，バランによって CL が 10 dB 程度向上することが確認できます．

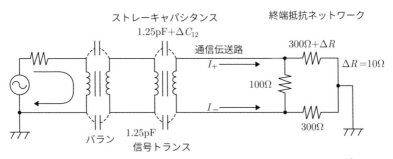

ストレーキャパシタンス
$1.25\text{pF} + \Delta C_{12}$

終端抵抗ネットワーク

$300\Omega + \Delta R$

通信伝送路

$\Delta R = 10\Omega$

100Ω

1.25pF
バラン
信号トランス

図 4.60　バラン挿入時の出力回路と終端ネットワークの等価回路 [11]

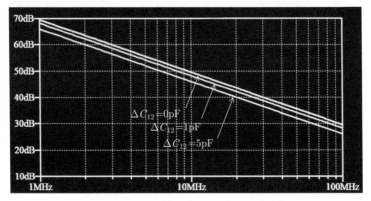

$\Delta C_{12} = 0\text{pF}$
$\Delta C_{12} = 1\text{pF}$
$\Delta C_{12} = 5\text{pF}$

図 4.61　バラン挿入時の CL（SPICE 解析）

〔効果の確認〕

　この結果をもとに，**図 4.62** に示すように，信号発生器（モデム出力回路相当）を接続した模擬伝送線路を使って電波暗室で磁界測定を行いました．伝送線路（ABCDE）は，2 心 VVF ケーブル（φ0.9 mm，総長 9 m）を使用し，グラウンド面より 2 m の高さに水平 5 m 長を張ります．磁界測定用ループアンテナは，線路 ABCDE 面より 3 m 離れた位置（高さ 1 m）とし，水平線路 BD と平行（0°）に設置しました．ケーブル端（A）には信号発生器とトランスを接続し，ケーブル先端（E）には終端ネットワーク回路（図 4.58 記載と同じもの）を設置します．

　図 4.63 は，モデム出力回路相当の信号源（出力 0 dBm）による磁界強度測定結果を示したものです．ΔC_{12} を 0 pF，1 pF，5 pF と変化したときの磁界の強さが示されており，0 pF が 5 pF になると 10 dB 程度増加しているのが確認できます．図 4.59 に示した ΔC_{12} が 0 pF から 5 pF になると CL が 10 dB 増加した

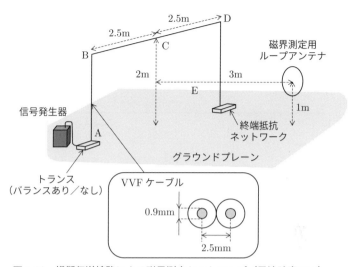

図 4.62　模擬伝送線路による磁界測定セットアップ（電波暗室にて）

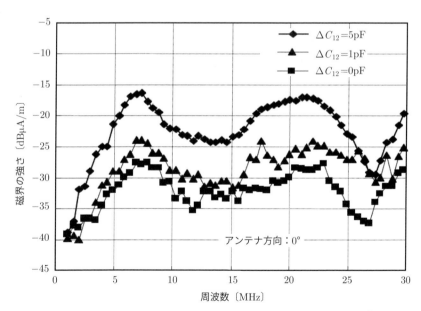

図 4.63　モデム出力回路（相当）の信号源による磁界強度測定結果 [11]

解析結果と，この磁界強度の増加 10 dB の実測結果が一致しました．

また，**図 4.64** は，モデム出力回路相当にバランを挿入した磁界強度測定結果

241

を示したものです．ΔC_{12} を 0 pF，1 pF，5 pF と変化したときでも磁界の強さ
の変化は数 dB 程度に抑えられ，図 4.63 と比べて磁界強度が数〜 10 dB 程度減
少する結果が得られました．特に，$\Delta C_{12} = 5$ pF における磁界強度の顕著な減少
効果が確認できました．

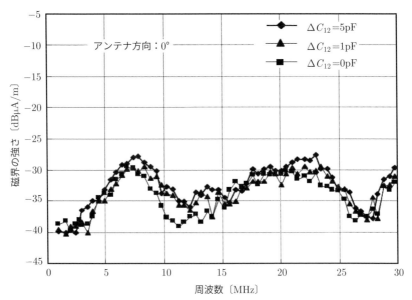

図 4.64　モデム出力回路内（相当）にバラン挿入した磁界強度測定結果 [11]

〔結論〕

　通信伝送路自体のアンバランス成分が大きい場合でも，モデム出力回路の信号
トランス前段にバランを挿入する対策により，漏えい電磁ノイズが減少すること
がわかりました．バラン挿入前に比べ，通信用モデムからの漏えい電磁ノイズを
数〜 10 dB 程度低減できることを実測で確認しました．

事例 4.2

同軸ケーブルから侵入するノイズ防止対策

〔現象〕

　通信用同軸ケーブルにノイズが印加されると，制御装置が誤動作する問題が発
生していました．

〔分析〕

　図 4.65(a) は，「対策前」の制御装置の外観図と背面同軸ケーブル引込部の断面図です．制御装置シャーシの長方形の穴の部分のコネクタに同軸ケーブルを接続する構造でした．コネクタは基板に直接固定され，同軸ケーブルのシールドは直付けコネクタにより基板のグラウンドプレーン（SG）に接続されています．また，シャーシ FG には，このコネクタ端子から電線で接続されていました．

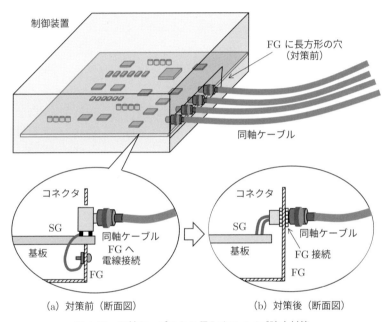

(a) 対策前（断面図）　　　　　(b) 対策後（断面図）

図 4.65　同軸ケーブルから侵入するノイズ防止対策

　同軸ケーブルを伝搬してくるコモンモードノイズは，基板のコネクタ経由 SG に直接侵入し，SG と FG 間のストレーインダクタンス（電線）の存在によってノイズ電圧が SG に現れてくると考えられます．試みに，同軸ケーブルのシールド側をコネクタ直近で FG に接続すると，ノイズ耐圧が上昇することが確認されました．コモンモードノイズの侵入を防ぐには，同軸ケーブルのシールドをまずシャーシ FG に低インピーダンスで接続することが効果的とわかりました．

〔対策〕

　図 4.65(b) の「対策後」に示すように，同軸ケーブルのコネクタをシャーシにねじで固定（FG に面接続）する型に変更しました．その結果，通信用同軸ケー

ブルにノイズを印加しても制御装置は誤動作しなくなり，解決しました．

事例 4.3

シールドなしケーブルの伝導ノイズ耐力改善対策

〔現象〕

　制御装置の信号ケーブルに対するコモンモードノイズ伝導試験において，目標より低いノイズレベルで誤動作が発生しました．制御装置の設置環境を考慮すると，ノイズ耐力を現状の 2 倍程度まで高める必要がありました．

〔分析〕

　制御装置の信号ケーブルは，既設ケーブルの利用およびコストの関係で，シールドのないケーブル使用が前提となっていました．外部からのノイズはコモンモードでケーブルを伝わり，制御装置に侵入します．シールドのないケーブルは地面または導体面から離れていて，コモンモードノイズ伝送に対する特性インピーダンスはある程度高いと考えられます．

　そこで，既設のシールドのない信号ケーブル端に，制御装置の近くで短いシールド付きケーブルを追加し，特性インピーダンスの差を利用したノイズ低減を考えてみました．**図 4.66** は，既設 20 m のケーブルに 2 m のシールド付きケーブル（特性インピーダンスを 50 Ω としました）を追加したときのコモンモードに対する伝導ノイズ等価回路です．

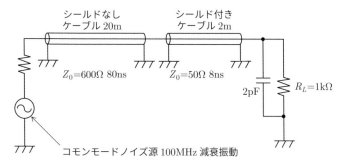

図 4.66　特性インピーダンス差による伝導コモンモードノイズ等価回路

　図 4.67 は，等価回路に対して SPICE シミュレーションにより波形解析を行った結果です．図 4.67(a) はノイズ源の波形で，100 MHz の減衰振動波形としました．図 4.67(b) は，既設シールドなしケーブルだけのときの伝導ノイズ波形で

す．そして，図4.67(c)は，既設のシールドのないケーブルに短いシールド付き
ケーブルを追加したときの伝導ノイズ波形です．

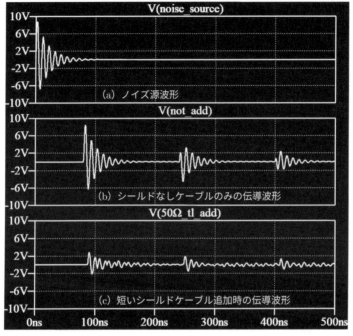

図4.67　短いシールドケーブル追加有無による伝導ノイズ波形（SPICE解析）

　既設ケーブルに短いシールド付きケーブルを追加することで，制御装置側への
伝導ノイズが低減できることが，SPICEシミュレーションで確認されました．

〔対策〕

　既設ケーブルに短いシールド付きケーブル（シールド導体は制御装置FGに最短
で接続）を制御装置の近くに追加する対策を適用しました．その結果，伝導ノイ
ズによる誤動作レベルが2倍以上上昇して目標値をクリアすることができました．

〔補足〕

　ケーブルに対する伝導コモンモードノイズ対策では，フェライトコアを挿入す
るのが一般的です．ノイズの周波数やケーブル敷設状況などによって効果が異な
りますので，この事例（短いシールド付きケーブル追加対策）と比較して適した
方法を採るとよいと思います．

245

5章

パワーインテグリティとシグナルインテグリティ

　パワーインテグリティ（power integrity）とは，電源品質の健全性のことで，基板やケーブルの電源ラインに重畳するノイズを低減し，低インピーダンス供給を行うことです．高速回路になるほど電源ノイズの影響を受けやすくなるだけでなく，回路のスイッチングによる電流変化が大きいことにより発生ノイズが問題となります．電源はグラウンドと一体で考える必要があり，グラウンドノイズ低減が不可欠です．

　シグナルインテグリティ（signal integrity）とは，信号の伝送品質の健全性のことです．主にディジタル信号に対して使われ，歪やノイズを抑えてレシーバ側に確実に伝送することです．パルス信号は，信号の基本周波数だけでなく高調波を含んだ広帯域なスペクトルをもっています．そのため，低い周波数から高い周波数まで良好で均一な伝送線路を保って波形歪が発生しないようにする必要があります．高速になるほど伝送線路の特性インピーダンスやストレーキャパシタンス，ストレーインダクタンスの影響を受けやすく，インピーダンスマッチング条件がずれて問題発生の可能性が高まります．

5.1　パワーインテグリティ

　電源ラインは，広帯域にわたって交流的にグラウンド電位と一致させることが安定化のための目標となります．そのため，電源とグラウンド間のインピーダンス低減が基本となりますが，グラウンドの安定（2章2.2.1参照）がその前提となることを念頭におくことが必要です．

■ 5.1.1　電源ノイズとバイパスコンデンサ

　IC などでは回路動作に伴って電源電流が過渡的に変化します．この過渡電流が，電源ラインのインダクタンス成分や抵抗成分に流れることによって，瞬時の電圧低下／上昇のスパイク状の電源ノイズが発生します．

　電源ノイズを防ぐために用いられるのが，**バイパスコンデンサ**（俗にいう**パスコン**）です．電源ラインとグラウンド間に通常複数個のバイパスコンデンサを接続することで電源ラインのインピーダンスを下げ，電源電圧を安定して供給させます．

重要なバイパスコンデンサ
気をつけて使おうね！
・コンデンサ容量
・低インピーダンス実装
・共振・反共振

　バイパスコンデンサとして考慮すべきポイントは以下の 3 点です．

① 　過渡電流が流れる間の給電に十分なコンデンサ容量

② 　適切なコンデンサの選定と実装による電源の低インピーダンス供給

③ 　コンデンサの共振・反共振を把握し，悪影響を避ける

〔1〕過渡電流に対応したバイパスコンデンサ容量の算出

　バイパスコンデンサの働きは，電源に過渡電流が流れて瞬時電圧低下するときは，即座に電流を供給して電圧低下を抑え，瞬時電圧上昇するときには，即座に充電電流を流して電圧上昇を抑えることです．このとき，過渡的な電源変動を抑えるのに必要最小限のコンデンサ容量 C は，式 (5.1) で算出できます．

$$C \geq \frac{I\Delta T}{\Delta V} \tag{5.1}$$

ここに，ΔV：電源電圧の許容変動分，I：ピーク電源電流

$\quad\quad\quad\Delta T$：過渡電流のパルス幅

例えば，許容変動 $\Delta V = 0.02$ V，$I = 100$ mA（AS-TTL ゲート IC 相当），$\Delta T = 20$ ns の場合，式 (5.1) に数値を代入した式 (5.2) により C の値が算出されます．

$$C \geq \frac{100 \times 10^{-3} \times \left(20 \times 10^{-9}\right)}{0.02} = 0.1 \; \text{〔μF〕} \tag{5.2}$$

〔2〕バイパスコンデンサによる電源の低インピーダンス供給

電源ノイズを十分減らすためには，上記の必要最小限の容量以上とするだけでは不十分で，電源とグラウンド間のインピーダンスを，低い周波数から高い周波数まで低く保つ必要があります．

インピーダンスを低く保つうえで重要なことは等価インダクタンスを減らすことで，バイパスコンデンサの選定と基板実装設計に注意を払う必要があります．コンデンサ部品単体では，**図 5.1** に示すように，容量のほか，**等価直列インダクタンス**（equivalent series inductance：ESL）と**等価直列抵抗**（equivalent series resistance：ESR）が含まれています．また，**図 5.2** に示すように，コンデンサの基板実装で発生するストレーインダクタンスやストレー抵抗が追加されます．

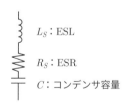

L_S：ESL

R_S：ESR

C：コンデンサ容量

図 5.1　コンデンサの等価回路

現在は高周波特性のよいコンデンサが容易に入手できるようになり，0.1 〜数 μF のチップ型積層セラミックコンデンサを使用することが一般的になってきました．コンデンサは，各 IC の近傍に複数配置するとともに，面積の広い電源プレーンおよびグラウンドプレーンにパターンを経由せずに直接接続をすることが原則です．また，過渡電流の大きい IC やメモリでは近傍のコンデンサ数を増や

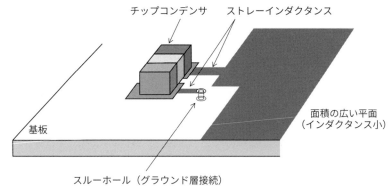

チップコンデンサ　　ストレーインダクタンス

面積の広い平面
（インダクタンス小）

基板

スルーホール（グラウンド層接続）

図 5.2　コンデンサ実装時に追加されるストレーインダクタンス

し，高速信号の終端抵抗（IC 外付け）に対しては近傍に十分な個数のバイパス
コンデンサが必要となります．

　図 5.3 は，IC の出力部（出力 1 から 0 に変化するときの等価回路）と電源供
給ラインの等価回路の例です．この等価回路を使って，発生する電源ノイズを
SPICE シミュレーションで調べてみます．

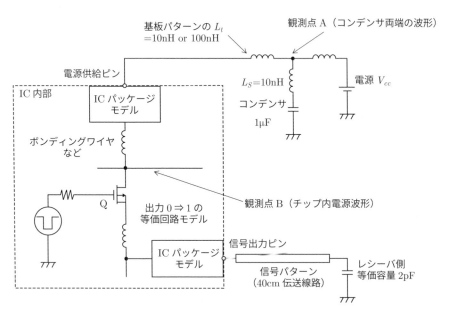

基板パターンの L_t
=10nH or 100nH

観測点 A（コンデンサ両端の波形）

電源供給ピン

IC 内部

IC パッケージ
モデル

L_S=10nH

電源 V_{cc}

コンデンサ
1μF

ボンディングワイヤ
など

観測点 B（チップ内電源波形）

Q

出力 0 ⇒ 1 の
等価回路モデル

IC パッケージ
モデル

信号出力ピン

信号パターン
（40cm 伝送線路）

レシーバ側
等価容量 2pF

図 5.3　IC の出力部と電源供給ラインの等価回路（電源ノイズの検討）

　まず，トランジスタ Q を OFF → ON → OFF させることで IC の電源電流変化を模擬させます．等価回路には，バイパスコンデンサの ESL と配線やビアのストレーインダクタンスを合わせて $L_s = 10\,\mathrm{nH}$，また IC パッケージの等価インダクタンス，信号パターンなどを加えています．そして，IC 電源供給ピンとコンデンサ間の基板パターンの等価インダクタンスを $L_t = 100\,\mathrm{nH}$ または $10\,\mathrm{nH}$（2通り）とし，SPICE シミュレーション（解析）を行います．

　$L_t = 100\,\mathrm{nH}$ のときの SPICE シミュレーション結果を**図 5.4** に示します．図5.4(a) に示すバイパスコンデンサ両端波形（観測点 A）ではノイズが $20\,\mathrm{mV_{p\text{-}p}}$ と小さく抑えられていますが，図 5.4(b) に示す IC チップ内電源波形（観測点 B）ではノイズが $250\,\mathrm{mV_{p\text{-}p}}$ と大きく現れています．この問題点は，基板上での観測点 A のノイズが小さくても，IC 内部の観測点 B では 10 倍以上のノイズが現れていることです．このように，基板パターンのインダクタンス成分 L_t が大きいと，バイパスコンデンサの効果が低下し，IC 内の電源ノイズが抑えられません．

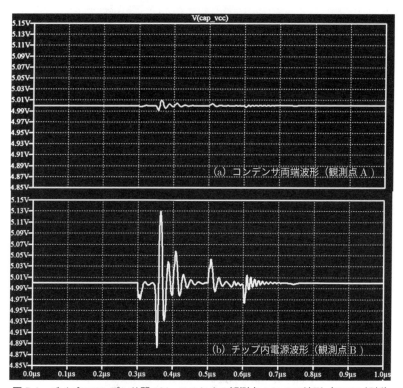

図 5.4　バイパスコンデンサ間 100 nH のときの観測点 A と B の波形（SPICE 解析）

　一方，$L_t = 10\,\mathrm{nH}$ のときの SPICE シミュレーション結果を**図 5.5** に示します．
図 5.5(a) のバイパスコンデンサ両端波形（観測点 A）ではノイズが $20\,\mathrm{mV_{p\text{-}p}}$
程度に抑えられ，図 5.5(b) のチップ内電源波形（観測点 B）でもノイズが
$90\,\mathrm{mV_{p\text{-}p}}$ 程度に抑えられています．

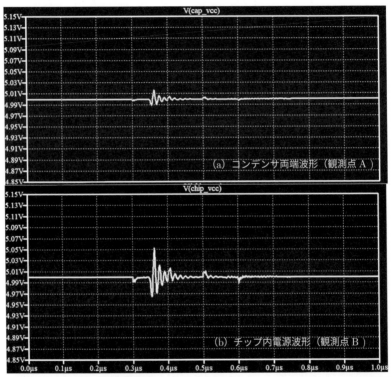

図 5.5　バイパスコンデンサ間 10 nH のときの観測点 A および B の波形（SPICE 解析）

　以上のように，IC 電源供給ピンとバイパスコンデンサ間のインダクタンス成
分 L_t を小さくすることが，電源ノイズを低減するうえで効果的なことがわかり
ます．そのため，基板実装において，IC の電源供給ピンを電源プレーンに直接
接続するとともに，電源供給ピン近傍に複数のバイパスコンデンサを配置するこ
とが推奨されます．

　また，**図 5.6** に示すように IC パッケージにバイパスコンデンサを実装するこ
ともあります．IC パッケージの電源層とグラウンド層間に直接実装することで，
IC チップから見た電源インピーダンスを低くでき，電源ノイズ減少に効果があ

LSI パッケージ上に実装した
バイパスコンデンサ

LSI パッケージ

図 5.6　LSI パッケージにバイパスコンデンサを搭載した例

ります.

　さらに，IC チップとバイパスコンデンサ間のインダクタンス成分を極限まで減らす方法として，IC チップ内部の空き半導体セルをコンデンサとして利用する方法があります．この方法は電源ノイズ低減効果が特に高いのですが，空きセルが多くなければ容量を大きくはできません.

インダクタンスを用いたデカップリングの注意点

　図 5.7 に示すようなデカップリング電源供給方法を，EMI 対策として推奨している文献を見ることがあります．IC と基板の電源プレーンとの間にインダクタンス部品を挿入する方法で，IC の電流変化で発生する電源ノイズが外部に出るのを抑え，IC への外部からのノイズ侵入を防ぐうえで，よい方法と考えるかもしれません．この方法は効果的に働くこともありますが，誤動作の原因になることも多く，推奨されません．その理由は，IC 電源ピン側のバイパスコンデンサがインダクタンス成分によって電源プレーン側と分離されてしまうため，低インピーダンス化のために必要なコンデンサの個数を増やしにくいからです．また，LSI 周りの電源プレーンが分割されて広いプレーンにできず，インダクタンス成分が増えて電源インピーダンスが上昇することも問題となります.

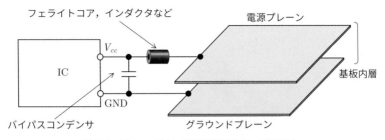

図5.7 デカップリング電源供給方法（要注意）

〔3〕バイパスコンデンサの共振・反共振と対策

バイパスコンデンサの等価回路（図5.1）の両端のインピーダンスの大きさ $|Z|$ は，式 (5.3)，自己共振周波数 f_C は式 (5.4) で計算されます．

$$|Z| = \sqrt{R_S^2 + \left(2\pi f L_S - \frac{1}{2\pi f C}\right)^2} \tag{5.3}$$

$$f_C = \frac{1}{2\pi\sqrt{L_S C}} \tag{5.4}$$

式 (5.3) に お い て，$L_S = 1\,\text{nH}$，$R_S = 15\,\text{m}\Omega$，と し，$C = 0.01\,\mu\text{F}$，$0.1\,\mu\text{F}$，$1\,\mu\text{F}$ と変化させたときのインピーダンスの大きさ $|Z|$ をグラフに描いたものを図5.8 に示します．低域から周波数の上昇とともにインピーダンスが低下していきますが，共振周波数を境に上昇に転じます．共振周波数より高い周波数のインピーダンスは，コンデンサの容量ではなく，ストレーインダクタンス（ESL）L_S によって決まります．このグラフにおいて，高い周波数ではコンデンサの容量による違いがなく，低い周波数では容量が大きいほどインピーダンスを低くできることから，容量が大きいほうが低インピーダンスの周波数範囲が広いことがわかります．

ひと昔前は，高周波用コンデンサの容量はあまり大きくしないことが設計のセオリーでした．その理由は，容量の大きなコンデンサは，ESL や ESR が大きく高速回路に適用できなかったのです．そこで，やむなくコンデンサの容量を小さくして高い周波数の共振周波数付近の低インピーダンスの部分を利用したのです．RF 回路のように周波数が決まっている場合はその周波数で低ければよいのですが，高速パルス信号では電源インピーダンスを広帯域にわたって低くする必

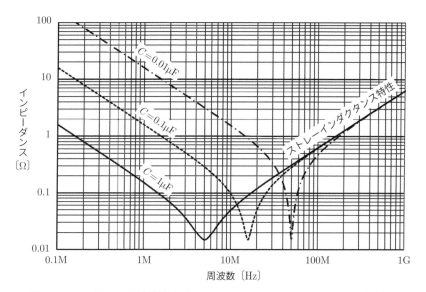

図5.8 コンデンサの周波数特性（$L_S = 1\,\text{nH}$，$R_S = 15\,\text{m}\Omega$ として Excel 計算）

要があり，苦労がありました．

現在は，積層セラミックコンデンサの改良などによって，比較的大きな容量でESL や ESR の小さなコンデンサが容易に入手できるようになりました．コンデンサは，できるだけ小さい ESL で容量が大きいほうが，低インピーダンスの周波数範囲を広くでき，良好な特性を得ることができます．また，コンデンサを複数（n 個）使うことで等価的に直列インダクタンスが $\dfrac{1}{n}$ になり，電源ラインの低インピーダンス化による電源ノイズ低減に効果があります．

バイパスコンデンサの反共振現象

電源インピーダンスを広い周波数範囲で低く抑えるため，容量の異なるコンデンサを並列に接続する方法が昔から使われ，現在でも広く使用されています．低周波に対しては容量の大きいコンデンサ，高周波に対しては容量の小さいコンデンサを受け持たせる考えです．しかし，このように異なる容量のコンデンサを並列に接続すると悩ましい問題，**反共振**（anti-resonance）現象が起こります．

図5.9 は2つの容量の異なるコンデンサの並列接続の等価回路です．並列インピーダンスの大きさ $|Z|$，および反共振周波数 f_{ar} は，それぞれ式 (5.5)，式 (5.6) で計算できます．

$$|Z| = \frac{|Z_1||Z_2|}{|Z_1 + Z_2|} \tag{5.5}$$

ここに，$Z_1 = R_{S1} + j\left(2\pi f L_{S1} - \dfrac{1}{2\pi f C_1}\right)$

$$Z_2 = R_{S2} + j\left(2\pi f L_{S2} - \dfrac{1}{2\pi f C_2}\right)$$

$$f_{ar} = \frac{1}{2\pi\sqrt{(L_{S1} + L_{S2})\left(\dfrac{C_1 C_2}{C_1 + C_2}\right)}} \tag{5.6}$$

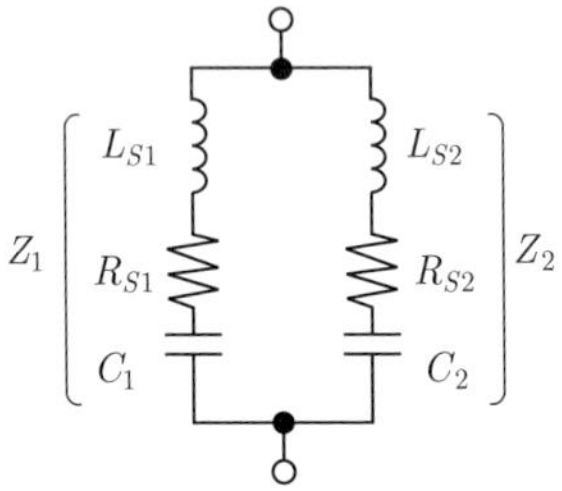

図 5.9 並列コンデンサの等価回路

図 5.10 は 2 つの容量の異なるコンデンサの並列接続の周波数特性の例です．このとき，コンデンサ $C_1 = 1\,\mu\text{F}$（$R_{S1} = 25\,\text{m}\Omega$，$L_{S1} = 5\,\text{nH}$ または $1\,\text{nH}$）とコンデンサ $C_2 = 0.01\,\mu\text{F}$（$R_{S2} = 25\,\text{m}\Omega$，$L_{S2} = 5\,\text{nH}$ または $1\,\text{nH}$）として計算しています．この周波数特性において，ストレーインダクタンス L_{S1}，L_{S2} が $5\,\text{nH}$ のときは反共振点のピークのインピーダンスが $10\,\Omega$ 近くまで上昇しています．一方，L_{S1}，L_{S2} を $1\,\text{nH}$ まで小さくすると，まだ十分とはいえませんが，ピークが若干抑えられてピークのインピーダンスが $1.5\,\Omega$ 程度となります．

反共振現象が大きく現れると，反共振周波数と近傍の電源インピーダンス上昇をもたらし，電源ノイズを抑えることができない問題が起こります．

反共振現象の改善策

反共振現象を抑えるため，適宜次に示す①～③のいずれかの方法をとります．

① 並列コンデンサの容量値を近づけ，ESL を徹底的に小さくする方法

図 5.11 は，並列コンデンサの容量値近接化（$C_1 = 0.1\,\mu\text{F}$，$C_2 = 1\,\mu\text{F}$）と ESL 微小化を行ったときのインピーダンス特性です．

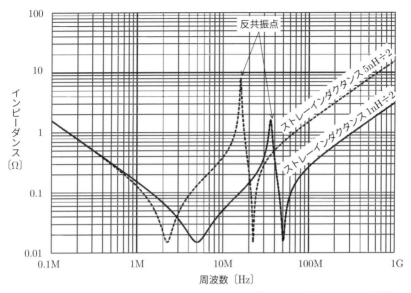

図5.10　並列コンデンサ（$C_1 = 0.01\,\mu$F，$C_2 = 1\,\mu$F 並列）の周波数特性（Excel 計算）

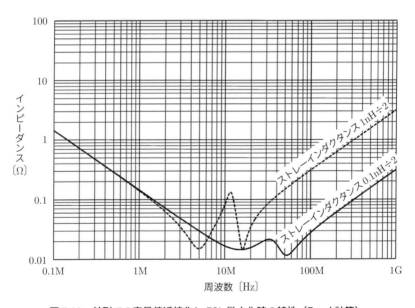

図5.11　並列での容量値近接化と ESL 微小化時の特性（Excel 計算）

　破線の曲線はストレーインダクタンス $L_{S1}=L_{S2}=1\,\mathrm{nH}$ としたもので，ピークのインピーダンスが $0.1\,\Omega$ 程度まで低減できています．図 5.10 の実線の曲線（$C_1=1\,\mu\mathrm{F}$，$C_2=0.01\,\mu\mathrm{F}$）と比較すると，ストレーインダクタンス値 $1\,\mathrm{nH}$ は同一ですが，容量値を近接させた効果で，反共振点のピークのインピーダンスが大幅に抑えられています．

　また，図 5.11 の実線の曲線は，ストレーインダクタンス値を徹底的に小さく $0.1\,\mathrm{nH}$ としたときのものです．実線の曲線では，反共振周波数近傍だけでなく高い周波数も大幅に低インピーダンス化が図られ，非常に良好な特性となっています．ただし，ストレーインダクタンスにはコンデンサ自身の ESL だけでなく，ビアやパターン（$1\,\mathrm{mm}$ あたり約 $1\,\mathrm{nH}$）など実装によるインダクタンス成分が加算されます．ストレーインダクタンスを徹底的に小さくすると良好な特性が得られるのは事実ですが，値を $0.1\,\mathrm{nH}$ に近づけるには，低 ESL コンデンサを使用するとともに，実装時のインダクタンス成分を極限まで小さくする必要があり，基板上の実装では現実的には難しいといえます．

② 　同一容量のコンデンサを複数並列とする方法

　図 5.12 は，同一コンデンサ（$C=1\,\mu\mathrm{F}$，$R_S=25\,\mathrm{m}\Omega$，$L_S=1\,\mathrm{nH}$）の並列個数を 1，2，4，8 個と変化させたときの，インピーダンス特性を示したものです．

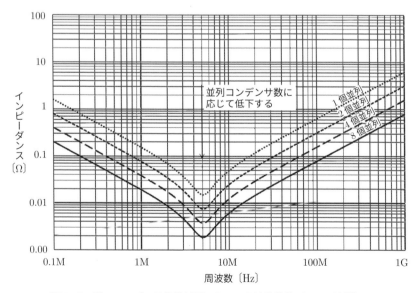

図 5.12　同一コンデンサ複数並列における周波数特性（Excel 計算）

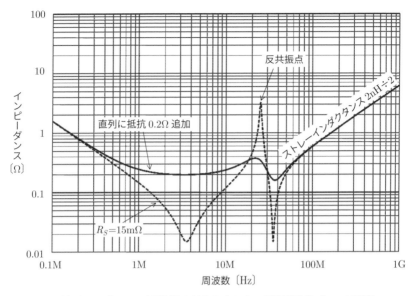

図 5.13　並列コンデンサに直列抵抗を追加したときの周波数特性（Excel 計算）

並列の個数を増やしても共振周波数は変わらず，反共振現象は発生しません．そして，共振点および各周波数におけるインピーダンスが個数分の 1 に低減していきます．さらに，全体のインピーダンスが下がるにつれて低インピーダンスの帯域も広がっていきます．

③　コンデンサと直列に低抵抗を挿入する方法

図 5.13 は，コンデンサ $C_1 = 0.01\,\mu\mathrm{F}$ と $C_2 = 1\,\mu\mathrm{F}$ の並列接続（低抵抗の有無）によるインピーダンス特性をグラフで示したものです．実線の曲線は，両方のコンデンサに直列抵抗 $0.2\,\Omega$ を追加したときのもので，直列抵抗を入れないときの破線の曲線に比べ，ピークのインピーダンスが抑えられています．ただし，直列に抵抗が入っているためインピーダンスはそれほど低くならず，$0.2\,\Omega$ を下回ることがほぼなくなります．そのためインピーダンスを下げるためには，この並列コンデンサを複数かつ多めに使用することがポイントとなります．

この直列低抵抗の効果をねらった積層セラミックコンデンサとしては，TDK 社 CERB/CERD シリーズ（ESR コントロール）などが市販されています．

なお，アルミ電解コンデンサ（高性能でないもの）は ESR が大きめの製品が多く，直列低抵抗を入れたのと同じ効果があります．このとき，容量値の異なる

コンデンサを並列にしても反共振が顕著に現れない利点があります.

■ 5.1.2　ターゲットインピーダンス

　ターゲットインピーダンスとは，IC などの電源電流が変化しても誤動作しない電源インピーダンスの上限値です．言い換えると，電源系ノイズの大きさを必要範囲内に抑えるための電源インピーダンスの目標値です.

　ターゲットインピーダンスを Z_t とすると，簡易的に式 (5.7) で計算できます.

$$Z_t = \frac{\Delta V}{\Delta I} \tag{5.7}$$

　ここに，ΔV：IC の電源の変動許容電圧，ΔI：IC の電源過渡電流

　例えば，IC の電源過渡電流が $\Delta I = 1\,\text{A}$，$\Delta V = 0.15\,\text{V}$ とすると，Z_t は以下のようになります.

$$Z_t = \frac{\Delta V}{\Delta I} = \frac{0.15}{1} = 0.15 \ (\Omega)$$

　IC の電源電流が大きいほど，また電源電圧が低いほど，ターゲットインピーダンス Z_t は低くなる傾向があり，電源供給ラインの設計が難しくなります.

広帯域にわたる電源インピーダンス低減

　電源インピーダンスを広帯域にわたって低減するには，5.1.1 に述べたバイパスコンデンサの特性（ESL，ESR），容量，実装，反共振防止などを考慮した設計が基本になります.

　図 5.14 は，基板に実装したターゲットの IC から発生するノイズ源を V_2 とし，電源ライン系統の等価回路例を示したものです．図 5.14 左部分の電源ユニットの出力電圧 V_1 は電源回路フィードバック制御で出力一定に保たれ，大容量コンデンサ C_1 とともに，低い周波数（数十 kHz 程度以下）において低インピーダンス化を担っています．電源ユニットから基板までの配線が長いと，配線のインピーダンスの影響が大きくなり，低インピーダンス化できる範囲が数十 kHz より低くなります.

　高い周波数になるほど，IC 電源ピンに直結した近傍のバイパスコンデンサが効果を現します．ここでは，ターゲットとなる IC の電源ピン近傍にバイパスコ

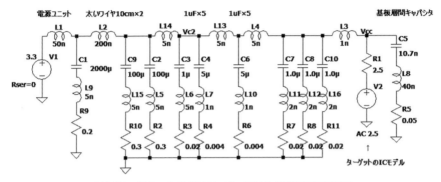

図 5.14 （例）バイパスコンデンサによる等価回路モデル

ンデンサが複数個配置され，広い電源プレーンおよびグラウンドプレーンに直結（低インピーダンス接続）されているとします．ビアや細いパターンを経由すると，ESL が増加してしまいます．また，電源プレーン層とグラウンドプレーン層は各 15 cm × 15 cm 程度（層間容量 0.01 μF）とし，ターゲットとなる IC 以外の複数の IC 近くにもバイパスコンデンサが複数接続されている条件とします．これらのバイパスコンデンサは，ターゲットとなる IC から見ると，電源プレーンのストレーインダクタンス経由で見えることになります．

図 5.15 は，図 5.14 の等価回路を SPICE シミュレーションにより解析を行った結果です．図 5.15(a) はターゲットとなる IC の電源ピンに現れるノイズレベル特性，図 5.15(b) はターゲット IC の電源インピーダンス特性です．図 5.15(a) と (b) は，すべての周波数範囲においてほぼ相似の特性を示しています．

10 MHz より高い周波数では，電源インピーダンスは誘導性で，周波数が高くなるほど上昇します．20 MHz を超える周波数では，図 5.15(a) では発生ノイズレベルが 0.2 V を超え，図 5.15(b) ではターゲットインピーダンス 0.2 Ω をオーバーします．この原因は，周波数が高くなるほど電源インピーダンスが上昇するためで，基板層間キャパシタンスと IC 近傍のバイパスコンデンサの ESL 特性に主に依存します．電源インピーダンスを下げるには，電源ピン近くのバイパスコンデンサの ESL を下げる必要があり，IC パッケージにコンデンサ搭載したものを使用するか，ESL 低減のため同一容量のコンデンサの個数を IC 近傍に増やします．なお，他のコンデンサとの反共振に注意し，インピーダンスが上昇しないようにします．

261

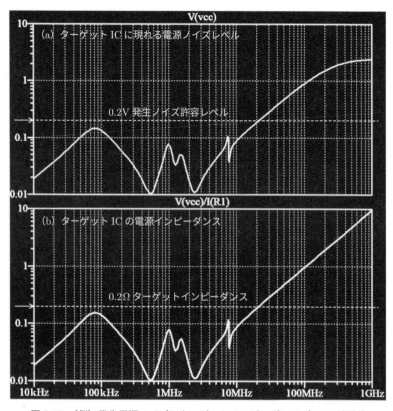

図 5.15 （例）発生電源ノイズとターゲットインピーダンス（SPICE 解析）

100 kHz 以下の低域において，80 kHz 付近のインピーダンスの山は，図 5.14 の 100 μF コンデンサ（C_2，C_9）2 個の ESR が関係していることが，SPICE シミュレーションで ESR を変化させてみるとわかります．このインピーダンスの山を抑えるには，100 μF コンデンサを増やすか，ESR の小さいコンデンサを選定する必要があります．

100 kHz 〜 10 MHz の周波数範囲では，各バイパスコンデンサと基板のストレーインダクタンスを含む共振と反共振が混在した特性を示しています．大容量コンデンサ（ここでは 100 μF）数個と，多めの同一容量バイパスコンデンサを基板に実装し，電源インピーダンスの低減を図ります．なお，各コンデンサの自己共振（容量と ESL の直列共振）と並列のコンデンサによる反共振に注意します．

電源電流が大きい高速 IC では，高い周波数に対してターゲットインピーダン

スを相当低く抑える必要があり，このときは，究極の低インピーダンス化として，IC チップ内部の空き半導体セルをコンデンサとして利用する方法が効果的です（本章 5.1.1 参照）．

5.1.3 基板プレーンの共振

パワーインテグリティにおいて，信号の高速化が進むにつれて課題が顕在化してくるのが，基板の電源プレーン層とグラウンドプレーン層間で発生する共振現象です．

基板プレーンの共振現象については 2 章 2.2.3 で述べましたが，電源電流によるノイズが平行プレーン間に印加されてこの共振現象が発生すると，電源に対して悪影響が現れます．そして，この共振現象を避けるには，基板プレーン全体にわたって一定間隔以下で平行プレーン間を接続する必要があります．

以下，この共振を避けるプレーン間接続について，電源プレーンとグラウンドプレーンに特化し，高周波接続（バイパスコンデンサ）による共振防止対策について述べます．

図 5.16 は，基板プレーンの解析のため，平行平板の中央を駆動する電磁界解析のためのモデルで，中央の駆動部分を囲んで平板間接続がされています．なお，平板間は，間隔 1.25 cm で複数のビアまたはバイパスコンデンサで接続されています（図の黒点）．バイパスコンデンサについては等価直列インダクタンス ESL を変化させて特性を調べます．

なお，平板間接続のないモデル，基板寸法 20 cm×20 cm，平板間隔 1.5 mm，絶縁体の誘電率 $\varepsilon_r=4.4$ の共振周波数（中央部腹）の計算結果は，715 MHz，

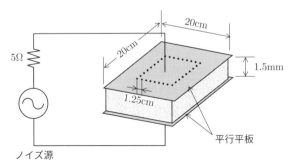

図 5.16　コンデンサ付き平行平板の中央駆動モデル

1.01 GHz，1.43 GHz，1.6 GHz でした（2 章 2.2.3，表 2.2 参照）．

　電磁界解析により，図 5.16 のモデルの反射特性（S_{11}）を求めます．このとき，駆動点の電圧分布が腹になって共振したとき S_{11} が極小となり，平行平板に大きな電力が供給されることになります．

　図 5.17 は，上記ビア接続した場合の平行平板駆動時の反射特性（S_{11}）です．平板間接続のないときの低い共振点 715 MHz はビア接続によってなくなり，1.0 GHz と 1.05 GHz の共振点が見られます．

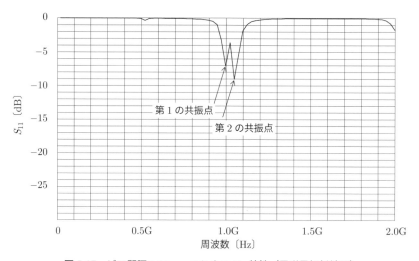

図 5.17　ビア間隔 1.25 cm のときの S_{11} 特性（電磁界解析結果）

　図 5.18 は，0.1 μF のバイパスコンデンサ接続した場合の平行平板駆動時の S_{11} 特性で，（a）は ESL ＝ 0 nH，（b）は ESL ＝ 3 nH，（c）は ESL ＝ 10 nH としたものです．平板間接続のないときの共振点 715 MHz はなくなりますが，第 1 の共振点が低い周波数に移動する現象が見られます．

　図 5.17 および図 5.18 から共振周波数を読み取り，**表 5.1** にまとめました．表5.1 から，ビア接続での第 1 の共振点 1.0 GHz に比べ，0.1μF ESL ＝ 0 nH のコンデンサでは共振点が 80 MHz 程度低下しています．そして，コンデンサの ESL が大きくなるにしたがって，ビア接続 1.0 GHz の共振点より 3 nH では 180 MHz 低下，10 nH では 220 MHz 低下することが確認されました．

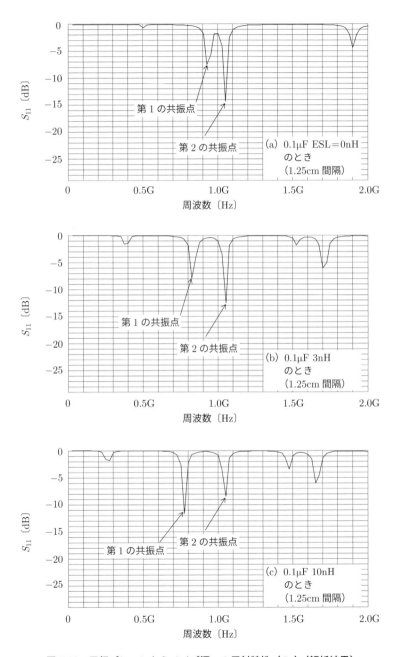

図 5.18　平行プレーンからノイズ源への反射特性（S_{11}）（解析結果）

表 5.1　平行プレーン間の接続による共振周波数の違い

	第 1 の共振点	第 2 の共振点
ビア接続	1.0 GHz	1.05 GHz
0.1 µF，ESL＝0 nH	0.92 GHz	1.05 GHz
0.1 µF，ESL＝3 nH	0.82 GHz	1.05 GHz
0.1 µF，ESL＝10 nH	0.78 GHz	1.05 GHz

　第 1 の共振点がずれる理由は，ビア接続をコンデンサ接続にしたことで，コンデンサのリアクタンスにより接続点の位相変化が起こるためと考えられます．また，コンデンサの ESL が大きくなるほど位相変化が大きくなり，共振点が低くなっていくと考えられます．

　一方，ビア接続での第 2 の共振点 1.05 GHz は，0.1 µF のコンデンサ ESL＝0 nH，3 nH，10 nH の接続に替えたときでも変化がありませんでした．平行平板の第 2 の共振点 1.05 GHz がずれない理由は，第 2 の共振点で発生する定在波の節の位置がビアの位置（またはコンデンサの位置）とちょうど一致したためと考えられます．

　電源プレーンとグラウンドプレーン間をバイパスコンデンサで高周波接続することで，接続しないときの低い共振点 715 MHz をビア接続同様なくすことができました．ただし，高い共振点 1.0 GHz が ESL によって低い周波数に移動することに注意する必要があります．したがって，基板共振防止のためのビア接続間隔（2 章 2.2.3 参照）を，ESL の大きいコンデンサほど狭くする対策が必要です．また，基板上のバイパスコンデンサの配置は，接続間隔が広くならないように，IC の実装されていないエリアも含めてまんべんなく実装することが，共振を防止するためのポイントになります．

5.2　シグナルインテグリティ

　シグナルインテグリティを確保した設計をするには，信号を伝える伝送線路の基本を理解しておくことが有効です．特に，信号が高速になると，今まで問題のなかった伝送線路のわずかな特性インピーダンスの不連続などで，信号歪が発生したりジッタが増大したりすることがあります．ここでは，伝送線路の基本をまとめたうえで，信号反射や信号減衰，クロストークなどの課題に対する設計技術

について説明します.

5.2.1 伝送線路の基本

　伝送線路は,信号線と**信号リターン**(グラウンド)により形成されます.ただし,見かけ上は,各伝送線路あたり基板のパターン(信号線)1本がIC間に接続されていることが多いです.実際には,基板のパターンには信号電流が流れ,その信号電流と同じ大きさの逆方向の電流(リターン電流)がグラウンドプレーンを流れています.このリターン電流のことを忘れてはいけません.信号線と信号リターンの伝搬方向断面の物理構造を同じ形状・材質とすることで,安定した信号伝送が行われるのです(2章2.2.4参照).

〔1〕集中定数回路と分布定数回路

　図5.19に信号伝送の基本回路を示します.ドライバから送出された信号が伝送線路を伝搬し,レシーバで信号が受信されるモデルです.

　伝送線路を等価回路で表すことによって,信号伝搬について分析・解析することができるようになります.伝送線路の等価回路には集中定数回路と分布定数回路があり,以下に説明します.

図5.19　信号伝送の基本回路

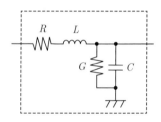

図5.20　集中定数回路による伝送
線路の等価回路

　図5.20は,伝送線路の等価回路を**集中定数回路**(抵抗 R,インダクタンス L,コンダクタンス G,キャパシタンス C が1か所に集中した回路)で表したものです.ただし,伝送線路を1つの集中定数回路で表すことができるのは,伝送線路の送信端から受信端に至るまで信号伝搬時間がほぼ無視できる長さに限られ,信号の波長の $\frac{1}{100}$ 程度以下が目安になります.なお,伝送線路上に発生する電圧と電流の比は伝送線路の断面の形状・材質によって決まり,この比を**特**

性インピーダンスと呼びます．図 5.20 の集中定数回路の特性インピーダンス Z_0 は，信号の角周波数を ω とすると式 (5.8) で表されます．

$$Z_0 = \sqrt{\frac{R + j\omega L}{G + j\omega C}} \tag{5.8}$$

　広く用いられている基板（基材：ガラスエポキシ）を 1 GHz 未満の信号周波数で使う場合，抵抗 R およびコンダクタンス（絶縁抵抗の逆数）G はほぼ無視できるため，特性インピーダンス Z_0 は式 (5.9) で計算できます．

$$Z_0 = \sqrt{\frac{L}{C}} \tag{5.9}$$

　一方，**分布定数回路**は，伝送線路を伝わる信号の伝搬時間が無視できないときでも適用できる等価回路です．これは，**図 5.21** に示すように伝送線路を微小分割し，縦続連続した複数の集中定数回路として表します．伝送線路上の電圧と電流の比，すなわち分布定数回路の特性インピーダンスは，伝送線路断面が均一であれば，**図 5.22** のように各集中定数回路の特性インピーダンスと同一になります．したがって，分布定数回路の特性インピーダンスも，式 (5.8) または式 (5.9) で計算できます．ただし，分布定数回路では，R, L, G, C の単位長さあたりの数値（長さの単位を統一）で計算します．

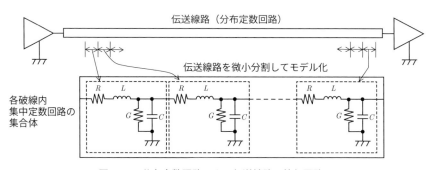

図 5.21　分布定数回路による伝送線路の等価回路

図 5.22　分布定数回路は集中定数回路の縦続接続

〔2〕インピーダンスマッチング

図 5.23 は，伝送線路端へ負荷抵抗を接続した図です．信号伝送において，**イ
ンピーダンスマッチング（整合）**をとるには，負荷抵抗を伝送線路の特性イン
ピーダンスと一致させます．また，信号源側のインピーダンスマッチングをとる
には，信号源インピーダンスを伝送線路の特性インピーダンスと一致させます．

図 5.23　伝送線路端への負荷抵抗接続

インピーダンスマッチングの利点は，以下の 2 つです．

①　電力を最大限負荷に伝送できる（電圧でないことに注意）
②　信号が反射しなくなり波形歪などの悪影響がなくなる

上記①について，最大電力が伝送される理由は以下の通りです．

図 5.23 において，負荷抵抗 R_L に伝送される電力 W_L は，式 (5.10) で計算さ
れます．

$$W_L = \frac{V_L^2}{R_L} = \left(\frac{R_L}{Z_0 + R_L} V_S \right)^2 \frac{1}{R_L} = \frac{V_S^2}{R_L + \dfrac{Z_0^2}{R_L} + 2Z_0} \tag{5.10}$$

式 (5.10) より $Z_0 = 50\,\Omega$ として Excel で計算し，グラフに表したのが**図 5.24**
です．図において，負荷電力最大となるのが $R_L = Z_0 = 50\,\Omega$ のときです．

上記②について，反射が発生しなくなる理由を説明します．

図 5.25(a) は**無限長線路**の等価回路です．無限長ですので，左端から送った
パルスは特性インピーダンス Z_0 の伝送線路を順次右方向へ伝搬し，無限遠まで
伝搬して戻ってきません．すなわち，反射がありません．一方，図 5.25(b) は終
端された**有限長線路**の等価回路です．ここで，有限長線路の特性インピーダンス
Z_0 と終端抵抗 R_L を同じ抵抗値とします．左端からパルスを送ると，伝送線路上

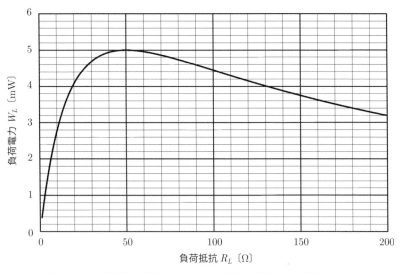

図 5.24 負荷抵抗を変化させたときの負荷に供給される電力 W_L

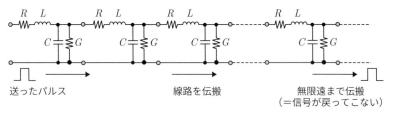

（a）無限長線路の等価回路

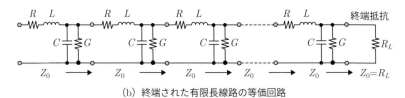

（b）終端された有限長線路の等価回路

図 5.25 無限長伝送線路と終端された有限長線路の等価回路

はどこも同じ特性インピーダンス Z_0 をもち，伝送線路端の終端抵抗まで伝搬していきます．ここで，$R_L = Z_0$ のため（反射係数 $\rho = 0$），パルスがそのままインピーダンスの同じ終端抵抗に吸収されるように伝わり，反射が起こらないのです．

〔3〕伝送線路の構造

　基板の代表的な伝送線路として，**図5.26**に示す**ストリップライン構造**と**図5.27**に示す**マイクロストリップライン構造**があります．なお，ケーブルの代表的な高周波伝送線路としては，同軸ケーブルや平行2線ケーブルなどがあります（4章4.2節参照）．

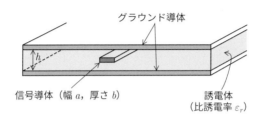

図5.26　ストリップライン構造

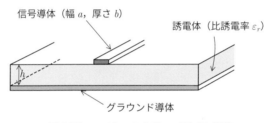

図5.27　マイクロストリップライン構造

　ストリップライン構造は，信号パターンをサンドウィッチ状にグラウンドプレーン導体で挟む形になっています．グラウンドプレーンで挟まれているため，ノイズの観点で優れた構造です．特性インピーダンス Z_0 は式 (5.11)，単位長さ〔m〕あたりの伝搬遅延時間（信号が伝わる時間）T_d は式 (5.12) で計算できます．

$$Z_0 = \frac{60}{\sqrt{\varepsilon_r}} \log_e\left(\frac{4h}{0.67\pi(0.8a+b)}\right) \text{〔}\Omega\text{〕} \tag{5.11}$$

ここに，a：導体幅〔mm〕，b：導体厚〔mm〕，h：誘電体厚〔mm〕

$$T_d = 3.33\sqrt{\varepsilon_r} \text{〔ns/m〕} \tag{5.12}$$

　式 (5.11) の計算結果をグラフ化したものを**図5.28**に示します．パターン幅が広いほど特性インピーダンスが下がり，誘電体の厚み h が厚いほど特性インピーダンスが高くなります．これらの組合せから，伝送線路として必要な特性イン

ピーダンスにすることができます.

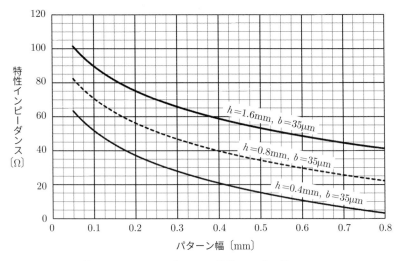

図5.28　ストリップラインの特性インピーダンス

　一方，マイクロストリップライン構造は，信号パターンを基板表面，グラウンドプレーン導体を基板内層とした配置がよく使われます.　信号パターンの片側が空気になるため，上記ストリップライン構造に比べて特性インピーダンスが高くなり，伝搬遅延時間が短くなります.　特性インピーダンス Z_0 は式 (5.13)，単位長さ〔m〕あたりの伝搬遅延時間（信号が伝わる時間）T_d は式 (5.14) で計算できます.

$$Z_0 = \frac{87}{\sqrt{\varepsilon_r + 1.41}} \log_e \left(\frac{5.98h}{0.8a + b} \right) \text{〔}\Omega\text{〕} \tag{5.13}$$

ここに，a：導体幅〔mm〕，b：導体厚〔mm〕，h：誘電体厚〔mm〕

$$T_d = 3.33 \sqrt{0.475\varepsilon_r + 0.67} \text{〔ns/m〕} \tag{5.14}$$

　式 (5.13) の計算結果をグラフ化したものを**図 5.29** に示します.　図 5.28 のストリップライン $h = 0.4$ mm に対して図 5.29 のマイクロストリップライン $h = 0.2$ mm を比べると，同じパターン幅では図 5.29 のほうが特性インピーダンスが高くなります.　なお，パターン幅が広いほど特性インピーダンスが下がり，

誘電体の厚み h が厚いほど特性インピーダンスが高くなる傾向は，ストリップラインと同様です．

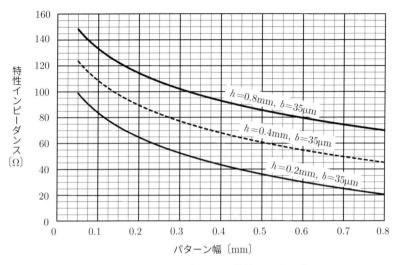

図 5.29 マイクロストリップラインの特性インピーダンス

図 5.30 は，差動のドライバとレシーバによる**差動伝送**の基本回路を示したものです．差動伝送では，**差動伝送線路**として 2 本の伝送線路を用い，特性インピーダンスおよび線路長を同一としてバランスするように設計します．

図 5.31 は，差動マイクロストリップライン線路を示したものです．特性インピーダンスの計算は，片側の信号導体とグラウンド導体はマイクロストリップライン構造なので，式 (5.13) をまず計算します．次に，求めた Z_0 を式 (5.15) に代入することで，差動間の特性インピーダンス Z_{dif} が計算できます．

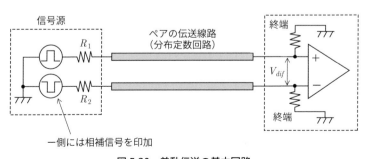

図 5.30 差動伝送の基本回路

$$Z_{dif} = 2Z_0 \left(1 - 0.48 e^{-0.96 \frac{s}{h}} \right) \ \text{〔}\Omega\text{〕} \tag{5.15}$$

ここに，s：導体間隔〔mm〕，h：誘電体厚〔mm〕

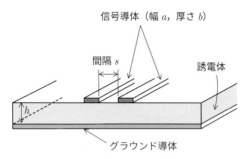

図 5.31　差動マイクロストリップライン線路

式 (5.15) の計算結果をグラフ化したものを，**図 5.32** に示します．伝送路 2 本の間隔が広い（$\frac{s}{h}$ の値が大きい）ときには，ほぼ Z_0 の 2 倍（$Z_0 = 50\ \Omega$ のとき $Z_{dif} = 100\ \Omega$）の差動間の特性インピーダンスになります．$\frac{s}{h}$ の値が 4 〜

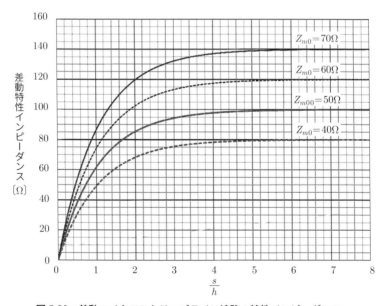

図 5.32　差動マイクロストリップライン線路の特性インピーダンス

5 より小さくなるにつれて差動間の特性インピーダンスが徐々に低くなってい
き，$\frac{s}{h}$ の値が 2 で 86 %（$Z_0 = 50\,\Omega$ のとき $Z_{dif} = 86\,\Omega$），$\frac{s}{h}$ の値が 1 では 60 %
（$Z_0 = 50\,\Omega$ のとき $Z_{dif} = 60\,\Omega$）に低下します．

5.2.2　信号の反射の発生

　伝送線路と負荷の間でインピーダンスマッチングされていないと，信号の一部
（または全部）が反射して伝送線路を戻る現象が発生します．この反射が大きい
と，RF（Radio Frequency）回路では信号電力が受信側に十分伝送されずに回
路の性能低下やスプリアスの発生が起こり，高速ディジタル回路では，波形歪が
顕著になって誤動作やノイズマージン低下などの問題が発生します．

〔1〕ディジタル信号伝送における反射の発生と解析

　ディジタル信号の伝送において，100 MHz を超える高速回路では反射を減ら
すためインピーダンスマッチングを厳密に行うことが原則で，レシーバ側では内
蔵もしくは外付けの終端抵抗を使用します．一方，TTL や CMOS インタフェー
スなど，そこまで高速でない回路では，消費電力削減のために終端抵抗を省いた
り，配線量削減のために複数のレシーバを接続したり，必ずしも完全なインピー
ダンスマッチングを行わない場合が多いです．そのため，信号の反射による波
形歪の問題がしばしば発生しており，おろそかにすることはできません．なお，
ディジタルデータ信号は，データ変化により周波数が定まらず，また多くの高調
波を含んでいるので，直流から高い周波数までの**広帯域伝送**として扱う必要があ
ります．

ステップパルス伝送での反射の解析

　反射による波形歪発生のメカニズムを分析するうえで有効な，ステップパルス
に対する**反射解析ダイヤグラム**（lattice diagram）を**図 5.33**に示します．図 5.33
において，ステップパルスが送端 A に印加されて伝送線路上を伝搬し，時間を
T 後に負荷端 B に到達，**反射係数**に応じた反射が発生して戻っていく様子が定
量的に表されています．A および B から下方向へ向かう縦軸 2 本は時間軸，横
方向は A から B までの伝送距離を表しています．また，A から B への伝搬は時
間と距離が同時に進むため斜め右下方向の矢印，B から A への伝搬は斜め左下
方向の矢印として示されています．この基本的動きは，線路上の列車を表す鉄道

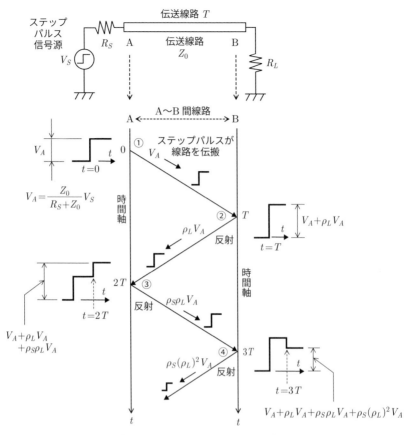

図5.33　ステップパルスの反射解析ダイヤグラム（lattice diagram）

ダイヤグラムと同様です.

　信号源と伝送線路の接続点における送端反射係数 ρ_S は式 (5.16)，そして伝送路と負荷の接続点の受端反射係数 ρ_L は式 (5.17) で算出されます.

$$\rho_S = \frac{R_S - Z_0}{R_S + Z_0} \tag{5.16}$$

$$\rho_L = \frac{R_L - Z_0}{R_L + Z_0} \tag{5.17}$$

　ここに，R_S：信号源抵抗，R_L：負荷抵抗，Z_0：特性インピーダンス

　図 5.33 の反射解析ダイヤグラムの中央斜め矢印に示す①から④に関して，以下に説明します.

① 伝送線路の送端 A へのステップパルス印加

　信号源の振幅 V_S のステップパルスが送端 A に信号源抵抗 R_S を介して印加されると，送端 A には，式 (5.18) で算出される振幅 V_A のステップパルスが $t=0$ で（信号源の立上りからの時間遅れなく）現れます.

$$V_A = \frac{Z_0}{R_S + Z_0} V_S \tag{5.18}$$

② 振幅 V_A のステップパルスが伝搬して受端 B に到達

　振幅 V_A のステップパルスが伝送線路上を伝搬し，時間 $t=T$ 後に受端 B に到達します. 受端 B では，受端反射係数 ρ_L に従った振幅の反射パルス（振幅 $\rho_L V_A$）が発生し，到達した信号（振幅 V_A）と合成され，振幅 $V_A + \rho_L V_A$ が現れます. 同時に，この反射パルス（振幅 $\rho_L V_A$）は伝送線路上を送端 A 方向に戻っていきます.

③ 振幅 $\rho_L V_A$ の反射パルスが戻って送端 A に到達

　反射パルス（振幅 $\rho_L V_A$）は伝送路を戻って $t=2T$ 後に送端 A に到達します. 送端 A の電圧は，送端 A に $t=0$ の時点からの電圧 V_A と戻ってきた反射パルス（振幅 $\rho_L V_A$），そして新たに発生した反射パルス（振幅 $\rho_S \rho_L V_A$）が合成され，振幅 $V_A + \rho_L V_A + \rho_S \rho_L V_A$ となります. 同時に，ここで発生した反射パルス（振幅 $\rho_S \rho_L V_A$）が伝送線路上を受端 B 方向に向います.

④ 振幅 $\rho_S \rho_L V_A$ の反射パルスが伝搬して受端 B に到達

　反射パルス（振幅 $\rho_S \rho_L V_A$）は伝送路を伝搬し，$t=3T$ 後に受端 B に到達し

ます．このとき，受端 B の電圧は，時間 $t = T$ の時点からの電圧 $V_A + \rho_L V_A$ と伝搬してきた反射成分（振幅 $\rho_S \rho_L V_A$），そして新たに発生する反射パルス（振幅 $\rho_S (\rho_L)^2 V_A$）が合成され，振幅 $V_A + \rho_L V_A + \rho_S \rho_L V_A + \rho_S (\rho_L)^2 V_A$ となります．同時に，ここで発生した反射パルス（振幅 $\rho_S (\rho_L)^2 V_A$）が伝送線路上を送端 A 方向へ伝搬していきます．

　上記①〜④のように反射成分が伝送線路を繰り返し伝わることによって，送端および受端に階段状の波形が現れるのです．

　図 5.34 は，ステップパルスの反射解析ダイヤグラムにより解析した波形を抽出した図です．この図では，送端 A および受端 B の波形の時間軸を合わせてあるのでタイミングが見やすくなっています．なお，別途 SPICE シミュレーションにより同一回路を解析した結果も，図 5.34 と同一の波形となります（確認済）．

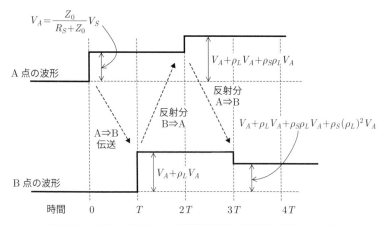

図 5.34　ステップパルスの反射解析波形（波形を抽出したもの）

〔2〕信号が急峻なほど反射が顕在化

　図 5.35 は，縦続接続した各種伝送線路に，立上り時間を変化させたステップパルスを印加した回路モデルです．伝送線路としては，同軸ケーブルおよび 3 種類の特性インピーダンスをもつ基板のマイクロストリップライン（PCB と表記）を縦続接続するとともに，インダクタンス L およびコンデンサ C を伝送線路の途中に付加しています．

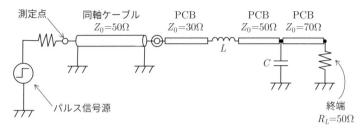

図 5.35　各種伝送線路へのステップパルス印加の回路モデル

　図 5.36 は，図 5.35 の回路モデルに対する測定点の実測を行った波形です．図 5.36(a) は，ステップパルスの立上り時間 35 ps における波形で，伝送線路の各箇所の特性インピーダンスに応じて波高値が変化しています．特性インピーダンスが高い箇所では波高値が高く，特性インピーダンスが低い箇所では波高値が低く観測されています．なお，この測定方法は，伝送線路の評価で用いられる

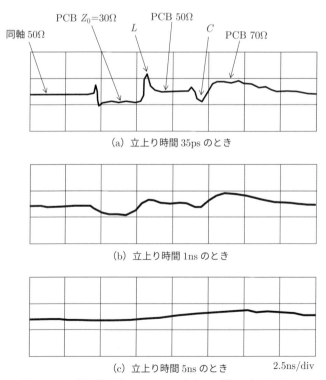

(a) 立上り時間 35ps のとき

(b) 立上り時間 1ns のとき

(c) 立上り時間 5ns のとき　　2.5ns/div

図 5.36　各種伝送線路へのステップパルス印加の実測波形

TDR（time domain reflectometry）測定と同様の原理です.

　図5.36(b) は，ステップパルスの立上り時間1 ns における波形，図5.36(c) は，ステップパルスの立上り時間5 ns における波形です. ステップパルスの立上り時間が35 ps → 1 ns → 5 ns と緩やかになるほど，伝送線路の各箇所の特性インピーダンスの変化に鈍感になっていくことがわかります. 特に，立上り時間5 ns と緩やかになると，伝送線路の各箇所の特性インピーダンスが平均化されてゆっくり変化しているのが確認できます.

　以上のように，伝送線路のインピーダンス不連続に伴う反射は，高速信号（パルスの立上り／立下り時間が急峻）ほど鋭く現れる特徴があります.

〔3〕伝送線路の終端以外による反射発生原因

スタブ（分岐配線）

　伝送線路の途中で**スタブ**（stub：**分岐配線**）があると，その部分で信号が2つに分かれて特性インピーダンスが変化して反射が発生します. また，スタブの先端がオープンのときは先端部で全反射して信号が戻るため，複雑な信号歪が発生します.

　図 5.37 は，スタブのある伝送線路の等価回路モデル（マルチドロップ接続）です. ドライバの出力インピーダンスを50 Ω，レシーバ（Rec1，Rec2）の入力を10 kΩ と2 pF の等価回路とし，SPICE シミュレーションを行います.

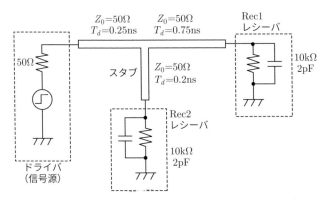

図 5.37　スタブのある伝送線路をドライブする等価回路モデル

　図 5.38 は，図 5.37 の等価回路モデルを SPICE シミュレーションで解析したものです. 各レシーバの入力抵抗値は比較的大きいため，スタブの先端および伝

送線路先端で複数回反射を起こし，波形歪が顕在化しています．スタブによる反射の影響が現れている波形です．

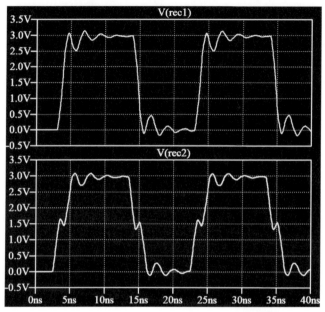

図 5.38　スタブのある伝送線路ドライブ時の各レシーバ波形例（SPICE 解析）

また，図 5.39 は，スタブ長を 0（一筆書き配線相当）とし，他の回路は同じとしたときのモデル（マルチドロップ接続）です．図 5.40 は，このときの各レシーバの波形です．上側（Rec1）の波形は波形歪が少なく良好ですが，下側（Rec2）の波形にはスタブがなくてもスレッショルド付近の段差が見られ，この

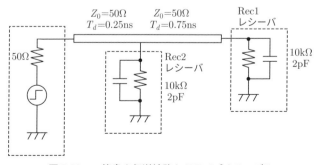

図 5.39　一筆書き伝送線路をドライブするモデル

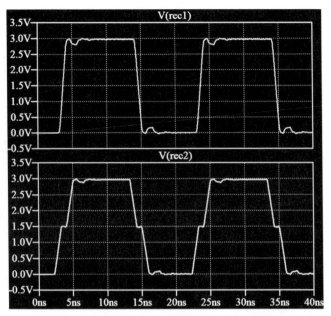

図 5.40　スタブ長 =0 の伝送線路ドライブ時の各レシーバ波形例（SPICE 解析）

段差で誤動作が起こる可能性があります．これは，伝送線路途中にレシーバを配置したときに発生する現象で，ある程度以上の高速パルスではスタブがなくても段差が現れ，マルチドロップ接続での課題になります．

伝送線路上の寄生成分

部品接続用のパッド，部品，引出し配線など，伝送線路上の**ストレーキャパシタンス**や**ストレーインダクタンス**があると，等価的に特性インピーダンスが変化して反射が発生します．特に 1 GHz を超えるような高速信号では，わずかなストレー成分が波形に影響を及ぼします．

また，ビアやスルーホールと呼ばれる基板層間接続や部品接続に使われる基板表裏を通す導体に対しても注意が必要です．**図 5.41** は，ビア付近の基板断面図の例を示したもので，高速信号が，第 1 層（表面）配線からビアを経由して第 3 層（内層）配線に伝搬していく状況です．このとき，配線層から下のビアの部分の数 mm の長さがスタブとなります．それほど高速でない信号では，この程度の長さのスタブでは問題になりませんが，1 GHz を超える高速信号では影響が現れてきます．**図 5.42** は，5 Gbps の高速信号が基板伝送線路を伝搬したときの

受信波形です．図5.42(a) ビアによるスタブのない場合と図5.42(b) ビアによる
スタブがある場合について受信波形を比較しています．明らかに，スタブの存在

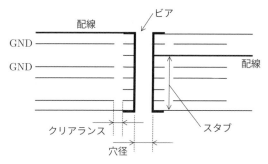

図 5.41　ビア付近の基板断面図（スタブの発生）

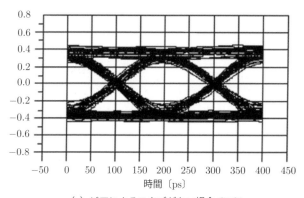

（a）ビアによるスタブがない場合 @5Gbps

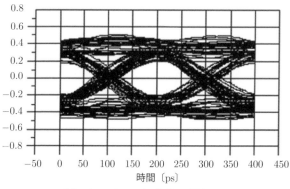

（b）ビアによるスタブがある場合 @5Gbps

図 5.42　5 Gbps 信号の基板伝送での受信波形（実測）

283

によって伝送波形が影響を受け，ジッタが増大しているのがわかります．

伝送線路上の部品の影響

　信号コネクタや基板間配線など信号が伝わる部品は伝送線路の一部と考える必要があります．信号の変化時間が急峻な高速信号ほど，これらの部品を通過する時間が短くても影響が大きく現れます．高速信号では，これらの部品と伝送線路の特性インピーダンスを一致させ，反射の影響を最小にすることが基本となります．

◯ 5.2.3　信号の反射を減らす対策

　5.2.2 で信号の反射発生について述べましたが，ここでは反射を減らす対策について以下の〔1〕～〔6〕にまとめます．

〔1〕終端による反射防止

　反射を減らすためには，伝送線路への終端を行うことが有効です．終端とは，反射成分を吸収するための素子を，伝送線路の送端（ドライバ出力）または受端，あるいはマルチポイント接続では伝送路両端に接続することによって，伝送線路端での反射を抑えるものです．

　表 5.2 に代表的な終端方法の一覧を示します．なお，表中の遠端終端と両端終端の回路例に終端抵抗を電源にプルアップする場合が示されていますが，終端抵抗の接続方法には図 5.43 に示す 3 通りの方法があります．3 通りの方法は，電源にプルアップする方法のほか，電源グラウンド両方に接続するテブナン終端，そして抵抗をグラウンドとの間に接続する方法で，同様に機能します．なお，終端抵抗をプルアップする電源ラインは電源プレーンとし，グラウンド間には必ず直近に複数のバイパスコンデンサを入れることで，電源ラインが高周波的にグラウンドと同一電位となるようにします．

〔2〕低インピーダンスドライブ

　伝送線路の遠端でインピーダンスマッチングされているときは反射が発生しませんので，低インピーダンスドライブは特に必要ありません．しかし，複数のレシーバをもつマルチドロップ接続で遠端インピーダンスマッチングされていない場合，信号波形に段差が発生します．そのため送信側の信号を最小時間で立ち上げるためには，低インピーダンスドライブが必要となります．

表 5.2 代表的な終端方法

方法	回路例（抵抗の接続は 3 通り）	特徴	用途
遠端終端		・最も基本的な終端方式。高速信号のインピーダンスと終端抵抗の値を一致させたとき反射が最小となる。	・高速信号の標準（抵抗 GND 接続）差動伝送では 2 線をおのおのの終端 ・ECL 信号伝送
両端終端		・マルチポイント接続の終端基本方式。伝送線路のインピーダンスと終端抵抗の値を一致させたとき反射が最小となる。 ・終端抵抗で電流消費がある。	・バス信号など（任意送信点で伝送線路途中からドライブ）
送端終端		・電流消費は増えない。 ・特性インピーダンスが低い場合や接続 IC が多い場合、立上り速度が低下	・受信側 MOS 素子 ・TTL 信号で反射が大きいとき
ダイオード終端		・電流消費は増えない。 ・伝送線路のインピーダンスが比較的低い場合や接続 IC が多い場合でも速度が低下しにくい。	・TTL 素子（TTL の入力には等価ダイオード内蔵。反射が大きいとき、外部にダイオード追加で効果） ・受信側 MOS 素子（接続 IC が複数で送端終端不可のとき、外部ダイオード追加）

285

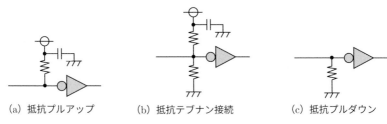

（a）抵抗プルアップ　　　　（b）抵抗テブナン接続　　　　（c）抵抗プルダウン

図 5.43　終端抵抗の接続方法

　これは，伝送線路の送端抵抗挿入と矛盾した方法にみえますが，そうではなく，送端抵抗挿入は受端での波形にのみ着目しているのです．マルチドロップ接続では，送端および受端の両方に着目する必要があります．

　ドライブインピーダンスが高いと，送信端に**図 5.44** のように立上り時に段差が現れます．この段差の高さはドライバの出力インピーダンスによって変化し，低インピーダンスドライブをすると段差を高くすることができるので，信号が速く立ち上がるのです．なお，接続素子が多くなると素子の入力容量により等価的に特性インピーダンスが低下しますので，さらにドライブ能力の高いドライバが必要となります．

　一方，伝送線路の遠端のインピーダンスが高く反射が大きい場合は，低イン

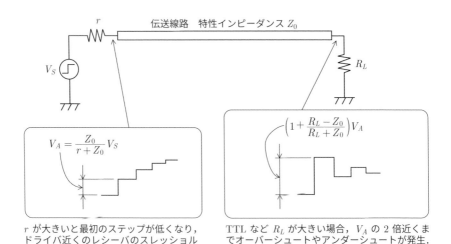

r が大きいと最初のステップが低くなり，ドライバ近くのレシーバのスレッショルド以下となる可能性あり．r が小さいほうが立上りが速い．

TTL など R_L が大きい場合，V_A の 2 倍近くまでオーバーシュートやアンダーシュートが発生．このような場合は，r の値をあまり小さくしないほうがよい（必要に応じて直列抵抗追加）．

図 5.44　ドライバ出力端に発生する段差と遠端に発生するオーバーシュート

ピーダンスドライブをすると受信端でオーバーシュートが大きくなる副作用が発生します．これらは相反しますので，特にマルチドロップ接続では，遠端の反射量やレシーバの位置などをあらかじめ SPICE シミュレーションにより検討しておくことが推奨されます．

〔3〕レシーバをドライバから離す

　マルチドロップ接続において，伝送線路上のドライバに近い位置にレシーバを置くと波形歪が大きく現れます．レシーバの位置はできるだけドライバから離したほうがよく，伝送線路の終端位置にあるレシーバは，レシーバ側に信号が到達するタイミングと反射発生のタイミングが同一となるので，受信信号に段差が発生しません．

〔4〕送線路上の特性インピーダンスはすべて同一が原則

　基板の特性インピーダンスは，マイクロストリップラインやストリップラインの信号パターンの幅および誘電体（絶縁層）の厚みによって変化します（本章 5.2.1〔3〕参照）．基板の信号パターンは，原則としてすべての層の信号伝送線路の特性インピーダンスを一致させ，伝送線路途中での反射の発生を抑えます．また，高速信号をケーブル伝送するときも，ケーブルと基板の信号パターンの特性インピーダンスを合わせます．

〔5〕伝送線路途中のスタブを短く

　信号パターンにスタブがあると，スタブ部分で特性インピーダンスの変化が起こります（本章 5.2.2〔3〕参照）．信号が高速になるほどスタブ長を短くする必要があり，一筆書きパターンとすることで反射を減らすことができます．ただし，一筆書きパターンは伝送線路長が長くなる傾向にあり，信号の伝搬遅延時間の考慮が必要となります．

〔6〕伝送線路途中の部品も伝送路の一部

　コネクタはピン配置や形状で特性インピーダンスが決まり，その特性インピーダンスに従って信号振幅が上下に変化します．伝送線路途中にインダクタンス成分があると，その部分で特性インピーダンスが高くなり信号波高値が上昇します．キャパシタンス成分があると，その部分で特性インピーダンスが低くなり波高値の低下となって現れます．この現象は信号の変化が高速なほど伝送線路の局所的な変化が著しく現れます（図 5.36 参照）．高速信号では，基板の特性イン

ピーダンス値に合わせたコネクタの使用，入力容量の少ない半導体素子の選定，伝送線路へのビアを集中させないなどの注意が必要となります．なお，ビアの集中を避けるのは，ストレーキャパシタンス増加の原因となるためです．

■ 5.2.4　伝送線路のリファレンス層移行による影響

　基板のパターン設計過程で，**図 5.45** に示すように，信号がビアを経由して別の層へ伝送されることがしばしば起こります．このとき，信号のリファレンスの移行が発生し，信号のリターン電流の流れるグラウンドプレーンが GND#1 層から GND#2 層になります．このとき，グラウンドプレーン（GND#1 と GND#2）に対して対策をとらなければ，信号リターン電流の連続性が確保できません．このため伝送線路の特性インピーダンス変化が起こり，信号の反射による波形歪発生の原因となります．また，信号リターン電流の移行でノイズが発生します．

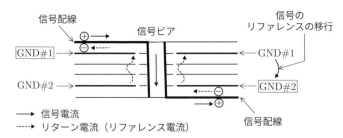

図 5.45　信号リファレンスプレーン移行によるプレーン間ノイズ発生（ビア部）

解決策として，以下の①または②があります．

①　高速信号に対して伝送線路の途中では信号層を変えない設計とします．特に Gbps 級高速信号では，信号源から受信側まで同一層で配線し，信号のリファレンス移行の起こらないパターンとすることが望ましいです．

②　上記①が難しい場合，信号ビアの近傍でグラウンドプレーンどうしを 2 個以上のビアで接続します．すなわち，信号がビアを伝わる間，移行するグラウンドプレーンどうしをビア接続してリターン電流の連続性が確保されるようにします．このとき，信号ビアとグラウンドプレーン接続ビアの間隔を調整し，ビア間の特性インピーダンスを合わせると，波形が改善されます．

◉ 5.2.5 信号の減衰による影響

周波数が高くなるほど，また伝送距離が長くなるほど信号伝送における信号減衰が増加し，1 GHz を超える高速信号では影響が顕著に現れます．

導体損（conductor loss）は，伝送線路の導体抵抗による損失です．高い周波数となるほど導体の表面の浅い部分しか電流が流れなくなる現象，**表皮効果**（skin effect）（2 章 2.1.3 参照）によって信号が減衰します．基材（絶縁体）によらず，パターンの導体材料（一般的には銅）によって決まる特性です．

誘電損（dielectric loss）は，伝送線路に使用している絶縁体の**コンダクタンス**（conductance）による損失です．高い周波数になるほどコンダクタンスが増加し，周波数 f に比例して信号が減衰します．誘電体分子の熱振動による抵抗によるものなので，絶縁体の基材によって減衰量が異なります．

基材の誘電損の特性値として**誘電正接**（$\tan\delta$）があります．誘電正接は，基材の特性を**図 5.46** の等価回路で表したとき，式 (5.19) で定義されます．

$$\tan\delta = \frac{I_G}{I_C} = \frac{VG}{V2\pi fC} = \frac{G}{2\pi fC} \text{ または } \frac{1}{2\pi fCR} \tag{5.19}$$

ここに，I_C：C に流れる電流，I_G：G に流れる電流

R：絶縁抵抗（コンダクタンス G の逆数）

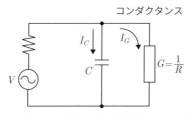

図 5.46 基材の誘電損に対する等価回路

広く基材として用いられている絶縁材料のガラスエポキシ（FR4）では，$\tan\delta$ が 0.02 程度で，1 GHz を超えるような高い周波数では，損失が顕在化してきます．なお，単位長さ当たりの誘電損 α は，式 (5.20) で計算できます [26]．

$$\alpha = 27.3\frac{f}{c}\sqrt{\varepsilon_r}\tan\delta \quad \text{〔dB/m〕} \tag{5.20}$$

ここに, c：真空中の光の速度 $(3.00 \times 10^8 \, \mathrm{m/s})$, ε_r：比誘電率

総合伝送損失特性とジッタの発生

図5.47 に，ガラスエポキシ（FR4）基板の信号伝送特性（1 m 伝送時）を示します．図中の総合伝送損失は，導体損と誘電損を合わせた特性です．1 m 信号を伝送すると，1 GHz のとき総合伝送損失 –10 dB，3 GHz のとき総合伝送損失 –22 dB にもなります．数 Gbps 級以上の信号を 1 m 伝送することは難しいことがわかります．

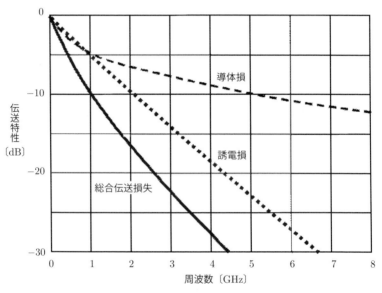

図5.47　基板の信号伝送特性（ガラスエポキシ（FR4））

ディジタルデータ信号は論理 H と論理 L がランダムに変化しています．そのため，論理 H と論理 L が交互に繰り返される**トグル**（toggle）となる場合は信号周波数が高く，H または L どちらかがある程度連続したとき，例えば L L L L H H H H のように変化が少ないと，信号周波数が低くなります．

図5.48 は，ディジタルデータ信号（36 ビットのシリアルデータ）の例を示したものです．変化の少ないデータではパルス幅が広くなるため振幅が大きく，トグルのデータではパルス幅が狭くなるため振幅が小さくなっているのが確認できます．また，図5.49 は，図5.48 のデータ信号を 1 ビット ±0.5 ビットを表示期

間として 36 ビット分重ねて表示させた波形です. このような表示を**アイダイヤ
グラム**（eye diagram）または**アイパターン**（eye pattern）と呼びます. 図 5.49
において，斜めに線が交わる部分が論理 H と論理 L が変化した部分で，波形の
変動によって 2 重 3 重あるいはそれ以上の線が見えます. この変動幅が**ジッタ**
（jitter：時間的な位相変動）です. また，データがトグルのように変化したとき
など，中央部の内側の振幅が変動して小さくなりますが，この振幅を**アイ開口**
（eye height）と呼びます. ジッタが大きくなったり，アイ開口が小さくなった
りすると，受信側で論理 H と論理 L の弁別ができなくなってデータエラーが発
生します.

振幅大：変化の少ないデータ　　　　　振幅小：トグル

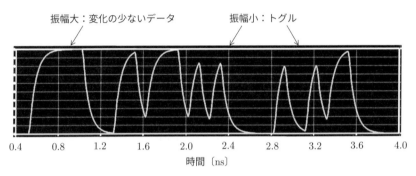

時間〔ns〕

図 5.48　ディジタルデータ信号の例（データが連続すると振幅大，トグルでは振幅小が観測される）

ジッタ

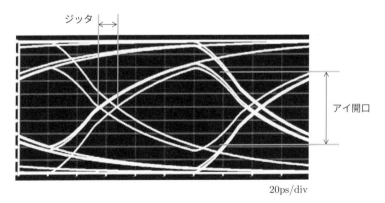

アイ開口

20ps/div

図 5.49　アイダイヤグラム（アイパターン）の例

📘 5.2.6　クロストークの発生と対策

ディジタル信号が伝送線路を伝搬しているとき，隣接した別の伝送線路（被誘導側）にパルス状のノイズが誘導されることがあります．この現象を**クロストーク**（crosstalk：**漏話**）と呼びます．クロストーク量が大きいとスレッショルドを超えて誤動作を起こしたり，信号変化のタイミングでジッタが増加したりする悪影響を起こします．

図5.50は，クロストーク発生のメカニズムを示した図です．パルス信号が駆動源ライン（aggressor）の送端Aに印加され，ある時間経過後に信号ラインの位置Tまで伝搬します．信号ラインの位置Tと対向した被誘導ライン（victim）のT′には，相互キャパシタンスによる電流i_Cおよび相互インダクタンスによる電流i_Lが図中の向きに流れます．信号の立上り位置Tがスタート時の送端Aの位置から受端Bまで移動していく間，被誘導ラインへの誘導が継続します．

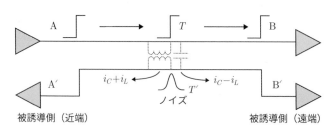

図5.50　ディジタル信号のクロストークのメカニズム

したがって，被誘導ラインA′（近端）に発生するクロストーク$\Sigma(i_C+i_L)$は，信号パルス伝搬と逆方向への伝搬のため，伝搬時間の2倍のパルス幅のノイズが現れ，近端クロストークと呼ばれます．また，被誘導ラインB′（遠端）に発生するクロストーク$\Sigma(i_C-i_L)$は，信号パルス伝搬と同じ方向のため，信号パルスが受端Bに着くと同時に短いパルス幅のノイズが現れ，遠端クロストークと呼ばれます．

基板の信号伝送によるクロストーク測定

伝送線路の平行する距離を10cmとし，4種類の信号パターン間隔をもったクロストーク測定用基板を試作し，広帯域オシロスコープにより波形観測を行い

ました. クロストーク測定用の基板パターン構成を**図 5.51** に示します. パターン幅 0.16 mm のマイクロストリップラインを 2 本平行に配置し, 信号パターン間隔の種類を $4W$, $3W$, $2W$ そして $1.5W$ としました. このときのクロストーク測定回路を**図 5.52** に示します. なお, 駆動パルス (振幅 1 V, 立上り時間 100 ps) は, 時間軸 0.25 ns の時点で立ち上がる高速信号です.

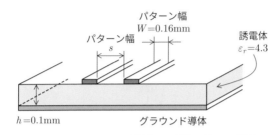

図 5.51　クロストーク測定用の基板パターン構成

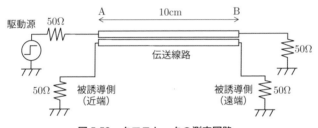

図 5.52　クロストークの測定回路

　図 5.53 は遠端クロストークの測定結果です. 隣接パターンとの間隔が 1.5 W すなわち $1.5 \times 0.16 = 0.24$ mm では, 遠端クロストーク $-0.17V$ の電圧が誘起しました. 遠端クロストークは, 隣接パターンとの間隔が狭いほど, また隣接する平行パターン長が長いほどクロストーク電圧が上昇しますが, クロストークのパルス幅はほとんど変わらない特徴があります. なお, 遠端クロストークのパルス幅は, 駆動パルス信号の立上り時間とほぼ等しく幅が狭いため, レシーバの応答特性によっては影響をあまり受けないことがあります. 反対に高速応答レシーバでは, 誤動作などの可能性がありますので, 隣接パターンとの間隔を広めにとることが必要です.

　一方, **図 5.54** は近端クロストーク測定結果です. パターン間隔が狭くなるほど近端クロストーク電圧が高くなり, 隣接パターンとの間隔が 0.24 mm

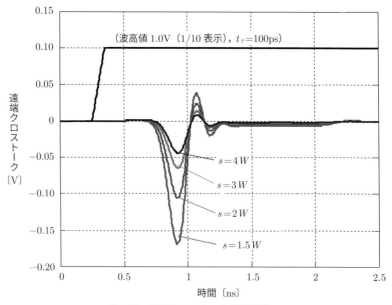

図 5.53　遠端クロストーク測定結果

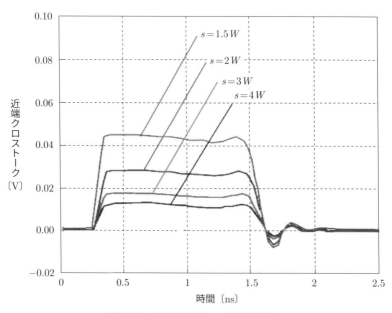

図 5.54　近端クロストーク測定結果

（$s=1.5W$）のとき 0.045 V 程度となります．図5.53の遠端クロストークの誘起電圧に比べてると電圧値は低くなりますが，近端クロストークのパルス幅は平行する信号パターンの距離に比例して広くなります．クロストークのパルス幅が広いことは，それほど高速応答しないレシーバでもクロストーク電圧が一定以上になると，ジッタの増大や耐ノイズ性低下などの影響が出てくるので注意が必要です．

クロストークを減らす対策

　クロストークを減らす対策について，以下の①〜⑥にまとめます．

① 信号ライン間の結合を減らす

　信号ラインどうしの結合を減らすことによりクロストークを減らすことができます．結合を減らすには，信号ライン間隔を離し，平行する信号ラインの長さを短くすることが効果的です（図5.53および図5.54参照）．

② 信号ライン遠端を終端抵抗でマッチングさせる

　基板パターン（伝送線路）遠端に終端抵抗を入れてマッチングさせると，クロストークを低減させるとができます．**図5.55**は，終端抵抗値とクロストーク量の関係についてシミュレーション（CALCAP：東京農工大学で開発された多導体系の容量係数計算プログラム）と実験の結果を示したものです[20]．条件としては，特性インピーダンス 100 Ω，配線幅 0.4 mm，配線長 1 m の2本の伝送線路を間隔 0.6 mm で並走させたものです．なお，V_G は駆動源パルス電圧，V_B は近端クロストーク電圧，そして V_F は遠端クロストーク電圧です．

　遠端クロストーク誘導比 $\dfrac{V_F}{V_G}$ および近端クロストーク誘導比 $\dfrac{V_B}{V_G}$ の両者とも，シミュレーション結果と実験結果で同様の特性が得られています．遠端クロストーク誘導比は，終端抵抗が 100 kΩ より低くなるに従って減少していき，

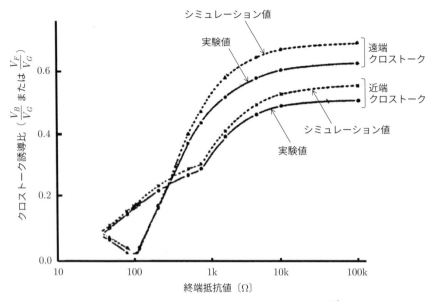

図 5.55　終端抵抗値とクロストーク誘導量の関係 [20]

100 Ω（特性インピーダンスと同じ値）のとき最小になる結果です．一方，近端クロストーク誘導比は，終端抵抗が 100 kΩ より低くなるほど減少し，最小の終端抵抗値 50 Ω で最小となって $\dfrac{V_B}{V_{out}} = 0.1$ の結果が報告されています．

③　基板パターンの特性インピーダンスを低く

伝送線路の特性インピーダンスの変更は，高速回路など終端抵抗値が決められている場合は得策ではありませんが，TTL や CMOS インタフェースなどでは設計によって決めることができます．**図 5.56** は，基板のマイクロストリップラインの特性インピーダンスとクロストーク電圧の関係を示した実測例です．測定では，駆動ラインと被誘導ラインに CMOS ゲート（立上り，立下り時間 $t_r \approx t_f = 2\,\mathrm{ns}$）を接続し，パターン幅 0.13 mm，パターン間隔 0.35 mm の条件で特性インピーダンスの異なる基板を試作して測定しました．図 5.56 において，特性インピーダンスが低いほどクロストーク量が少ないことが確認できます．

また，$t_r \approx t_f = 1\,\mathrm{ns}$ 以下の高速信号でも測定を行いました．その結果，特性インピーダンスが低いほどクロストーク量が少なくなる傾向は同様でした．

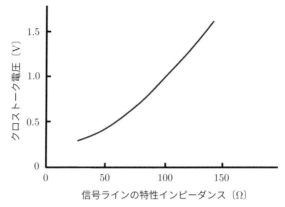

図 5.56　信号ラインの特性インピーダンスとクロストーク電圧

④　信号ライン下のグラウンドプレーンにスリットを開けない

　信号ライン下のグラウンドプレーンは，マイクロストリップラインやストリップラインの伝送線路の一部です．そのため，スリットが入っていると，信号伝搬していく過程で伝送線路の不連続が発生し，大きなクロストークおよび波形歪が発生します．この理由は，リターン電流がスリット部分をそのまま流れることができず，電界が広がって隣接する信号ラインに大きなクロストークが発生し，特性インピーダンスが乱れて反射が発生するからです（2 章 2.2.4 に詳述）．

　なお，信号ライン下が電源層の場合は，電源層が伝送線路の一部になります．電源層では，複数の電圧供給などスリットを入れざるを得ないことが多く，対策が必要になります（2 章 2.2.5，図 2.34 参照）．

⑤　アンチパッド上に信号ラインを通さない

　アンチパッドとは，ビアと電源間やビアとグラウンド間とのショートを防ぐためのクリアランスです．ビアのグラウンド間ストレー容量を減らし，製造誤差を吸収するなどの観点で，ある程度の大きさを必要とします．**図 5.57** はアンチパッド部分において，信号ラインの経路がビア近傍を通る場合を示しています．このとき，信号ライン下のグラウンドプレーンや電源プレーンに穴が開いているため，④のスリットと同様の問題が発生します．解決方法としては，信号ラインをアンチパッドから離すことが有効です．

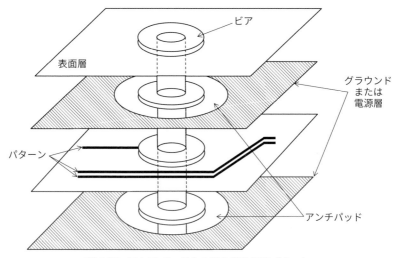

図 5.57　アンチパッド上の層を走る信号パターン

5.3　パワーインテグリティとシグナルインテグリティに関する事例と分析

事例 5.1

制御システムの電源変動によるデータ異常発生に対する対策

〔現象〕

　複数の基板をバックプレーンで結ぶ制御システムの評価試験において，ときどきデータ異常が発生する問題が起きました．

〔原因と分析〕

　この制御システムのバックプレーン上のデータライン 32 本には，両端終端（本章 5.2.2 〔4〕参照）の抵抗が電源にプルアップされ，データの変化時に電流が大きく変化します．電源ラインの波形をオシロスコープで観測した結果，データラインの終端抵抗に接続された電源ラインの電圧自体が大きく変動していることが判明しました．**図 5.58** は，データ異常が発生した瞬間の電源ラインの実測波形を示したもので，この大きな電圧変動のときにデータ異常が発生したことがわかりました．

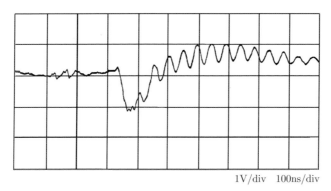

1V/div 100ns/div

図 5.58 データ異常が発生した瞬間の電源ラインの実測波形

この制御システムでは，電源変動を減らすため，電源プレーンおよびグラウンドプレーンを全面内層とする多層バックプレーンを採用し，電源までの配線も太く短くを徹底していました．しかし，これらの対策で電源インピーダンスが十分低いと誤解してバイパスコンデンサを省略したことで，大きな電源変動に結び付いたのでした．

図 5.59 は，誤動作発生時の DC 電源系の等価回路（バックプレーン上のバイパスコンデンサなし）を示します．制御システムから電源ユニットまでの電線は φ6 mm の太い線材ですが，長さが 0.5×2＝1 m ありました．この電線のインダクタンスが 1.1 μH あり，インピーダンスを計算すると 1 MHz で 6.9 Ω，10 MHz では 69 Ω と，周波数上昇とともに高くなります．

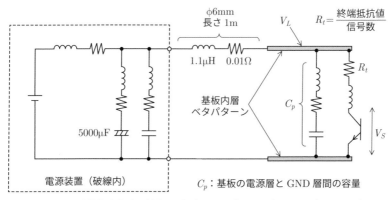

図 5.59 誤動作発生時の等価回路（バックプレーン上にコンデンサなし）

　図 5.60 は，図 5.59 の等価回路をもとに SPICE シミュレーションにより解析し
たもので，電源ラインに生じるノイズ電圧 V_L とノイズ源電圧 V_S（ドライバを
想定）の比，すなわち $\dfrac{V_L}{V_S}$ の周波数特性を表したものです．$\dfrac{V_L}{V_S}$ は，50 kHz 以下
の低い周波数では，1 m の電線のインピーダンスが低いので −10 dB 以下に抑え
られていますが，周波数とともに上昇して 100 kHz で −5 dB，200 kHz 以上で
はほぼ 0 dB になります．すなわち，50 kHz 以上で電源ノイズが大きく発生する
ことが示されています．

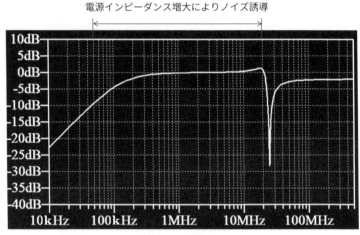

図 5.60　バックプレーン上にコンデンサなしのときの電源ラインノイズ誘起
（電源ラインノイズ V_L とノイズ源 V_S の比 $\dfrac{V_L}{V_S}$：SPICE 解析）

　上記問題を解決するため，終端抵抗近傍の電源・グラウンド間にバイパスコン
デンサを挿入します．バイパスコンデンサとして，1 MHz 程度以上の電源イン
ピーダンスを低くするための多数の高周波特性のよいコンデンサ，および数百
kHz 程度以下の周波数の電源インピーダンスを低くするための大容量電解コン
デンサの両方を実装しました．

　図 5.61 は，この制御システムに対し，これら複数のバイパスコンデンサを実
装した場合の等価回路です．図 5.61 の等価回路により SPICE シミュレーショ
ンを行った結果を図 5.62 に示します．複数の曲線は，高周波用バイパスコンデ
ンサ C_{bH} を 0.1 μF×8 から 0.1 μF×32，0.2 μF×28 へと変化させたものです．
$C_{bH}=0.1$ μF×8 では 1 MHz 付近の点①において −13 dB 程度のピークの発生が

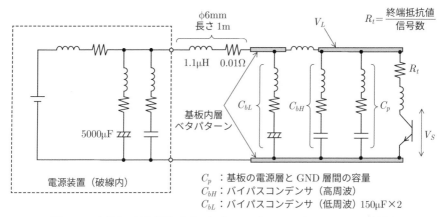

$$R_t = \frac{\text{終端抵抗値}}{\text{信号数}}$$

φ6mm
長さ1m

1.1μH　0.01Ω

基板内層
ベタパターン

V_L

R_t

C_{bL}　　C_{bH}　　　　C_p

V_S

5000μF

電源装置（破線内）

C_p：基板の電源層と GND 層間の容量
C_{bH}：バイパスコンデンサ（高周波）
C_{bL}：バイパスコンデンサ（低周波）150μF×2

図 5.61　改善後の等価回路（バックプレーン上にコンデンサ C_{bH}，C_{bL} 追加）

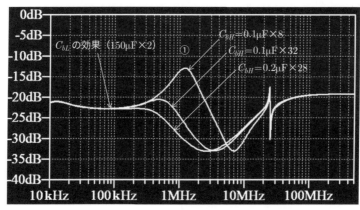

図 5.62　バックプレーン上にコンデンサありのときの電源ラインノイズ誘起
（電源ラインノイズ V_L とノイズ源 V_S の比 $\dfrac{V_L}{V_S}$：SPICE 解析）

見られます．この結果から，電源ノイズを 20 dB 以上低減するためには，C_{bH} を 0.1 μF×32 以上実装する必要があることがわかります．

〔対策〕

　図 5.63 は，バイパスコンデンサ実装時（$C_{bH}=0.1\,\mu\mathrm{F}\times32$，$C_{bL}=150\,\mu\mathrm{F}\times2$）の電源ライン V_L の実測波形を示します．これらバイパスコンデンサ実装により，電源ライン V_L のノイズを低減でき，データ異常発生の問題が解決できました．

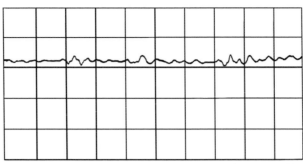

1V/div　100ns/div

図 5.63　バイパスコンデンサ強化改善後の電源ラインの実測波形

事例 5.2

PLL 電源デカップリング供給による耐ノイズ性低下に対する対策

〔現象〕

　新たに開発した基板を制御装置に内蔵して静電気放電試験を行ったところ，他の基板に比べて耐ノイズ性が半分程度しかなく，向上させる必要がありました．

〔原因と分析〕

　静電気放電を行っていないときでも LSI のクロックのジッタが大きいことが判明し，LSI のクロックに使われている内蔵 PLL が疑われました．回路図および基板パターンを調べたところ，**図 5.64** に示すような電源ラインへのデカップリングがされていました．LSI のデータシートでも，PLL 用電源ピンのデカップリングが推奨されていましたが，フェライトビーズによって PLL 用電源ピンが低インピーダンスの電源プレーンと分離されているのが気になりました．LSI ピン周囲はパターンが密集しているため，PLL 用電源ピンと 1 個のチップ積層セラミッ

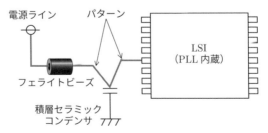

図 5.64　LSI の PLL 電源ピンへの電源供給・模式図（改善前）

クコンデンサ間はベタパターンではなく，やや太めのパターンで接続されていました．このコンデンサ自身のもつインダクタンス成分とパターンによるストレーインダクタンスにより，高周波では PLL 電源のインピーダンスが高くなり，ノイズが誘導したと考えました．

〔対策〕

　PLL 用電源ピンを電源ライン（内層グラウンドプレーン）に直結させ，高周波ノイズ防止を電源ラインに接続されている多数のバイパスコンデンサにまかせることにしました．結果として，LSI のクロックのジッタが小さくなり，静電気放電試験でも他の基板と同様の耐圧までクリアさせることができました．

事例 5.3

送端終端の副作用による誤動作対策

〔現象〕

　制御装置においてまれに誤動作が発生していました．また，静電気放電試験などのノイズ試験に対して耐圧が低い状況で，早急な解決が必要でした．

〔原因と分析〕

　誤動作を起こす回路を追究していったところ，TTL の制御信号の一部に，頻度は少ないものの波形割れが発生している信号が見つかりました．

　この波形割れ信号の基板パターンを調べたところ，マルチドロップ接続のレシーバの出力で，10 cm 程度のスタブ（分岐パターン）があることを確認しました．このときのマルチドロップ接続の等価回路を**図 5.65** に示します．

　図 5.65 の等価回路に対し SPICE シミュレーションを行った結果を**図 5.66** に示します．図 5.66(b) のレシーバ #2 の波形はオーバーシュートも少なく比較的良好ですが，図 5.66(a) のレシーバ #1 の波形では段差がスレッショルド付近にき

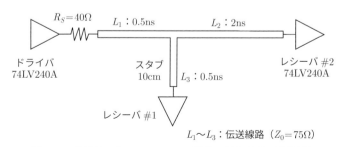

図 5.65　誤動作したマルチドロップ接続の等価回路（改善前）

段差

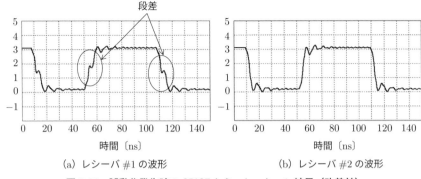

（a）レシーバ #1 の波形　　　　　　（b）レシーバ #2 の波形

図 5.66　誤動作発生時の SPICE シミュレーション結果（改善前）

ていることが確認されました．

　この波形の段差はドライバの駆動能力に依存します．そこで，ドライバの直列抵抗をショートすることで段差を高くでき，スレッショルド付近を避けることができると考えました．ドライバの直列抵抗をショートした等価回路により SPICE シミュレーションを行った結果，**図 5.67**(a) のように段差を高くできることが確認できました．図 5.67(b) のレシーバ #2 ではオーバーシュートが発生しますが，問題なしと判断しました．

段差の高さ上昇　　　　　　　　　　　オーバーシュート上昇

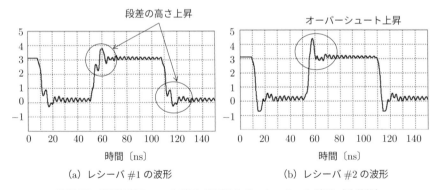

（a）レシーバ #1 の波形　　　　　　（b）レシーバ #2 の波形

図 5.67　送端抵抗ショート時の SPICE シミュレーション結果（改善後）

〔対策〕

　ドライバに挿入されていた抵抗器をショートして動作試験を行ったところ，まれに発生していた誤動作がなくなりました．また，静電気放電試験などのノイズ試験耐圧も向上させることができ，解決しました．

事例 5.4

クロック信号パターンのスタブによる制御装置誤動作に対する対策

〔現象〕

　制御装置において，ときどきデータ異常となる不具合が発生しました．

〔原因と分析〕

　データおよびクロック信号の波形を調べた結果，クロック信号の波形歪が大きく，その波形歪によってタイミング不良となり誤動作を引き起こしていたことがわかりました．クロック信号の基板パターンを調べたところ，ドライバから4つのレシーバに接続されていて，長い分岐パターンが見つかりました．

　SPICE シミュレーションを使って分岐パターンの影響度を調べました．誤動作が発生した伝送線路の状態を等価回路で表し，**図 5.68** に示します．分岐部でドライバからの信号が伝送方向 a から b および c 方向に分岐するため，a から見た特性インピーダンスが $\frac{1}{2}$ となりマッチングしません．なお，ドライバに一番近いレシーバ #1 のスタブの長さが $L_5 = 10\,\mathrm{cm}$ と一番長く，その他のレシーバのスタブは $L_6 = L_7 = 2.5\,\mathrm{cm}$ でした．なお，レシーバ #4 の入力には特性インピーダンスとマッチングした終端抵抗が接続されていました．

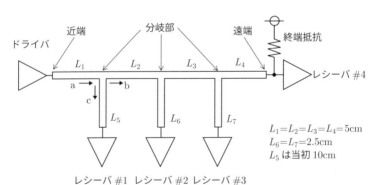

図 5.68　分岐パターンのあるマルチドロップ接続の等価回路

　SPICE シミュレーション結果を**図 5.69** に示します．波形歪がかなり大きく現れており，ドライバ近くのスタブ $L_5 = 10\,\mathrm{cm}$ による反射がもっとも影響を与えたと考えられます．そこで，スタブ $L_5 = 10\,\mathrm{cm}$ を 2.5 cm へと短くして SPICE シミュレーションを行いました．結果を**図 5.70** に示します．

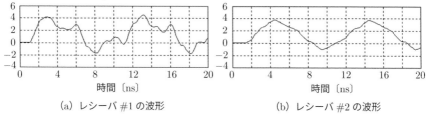

(a) レシーバ #1 の波形　　　　　　　　(b) レシーバ #2 の波形

図 5.69　誤動作発生時の各レシーバ入力の SPICE 解析波形（改善前）

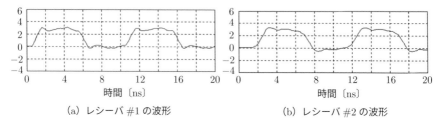

(a) レシーバ #1 の波形　　　　　　　　(b) レシーバ #2 の波形

図 5.70　スタブ長 $L_5 = 2.5\mathrm{cm}$ のときの各レシーバ入力の SPICE 解析波形（改善後）

〔対策〕

　制御装置の基板に SPICE シミュレーションの検討結果を適用し，クロック信号のレシーバ #1 のスタブ L_5 を 2.5 cm に変更しました．その結果，波形歪が大幅に減少してデータ異常も発生しなくなり，解決しました．

事例 5.5

マルチドロップ接続の両端終端抵抗を低くすることによる誤動作対策

〔現象〕

　制御装置でデータ異常が発生しました．データ異常は，内部の RAM からのデータ転送時に起こる状況でした．

〔原因と分析〕

　データ信号転送制御やソフトウェアの問題ではないことを確認したうえで，データ転送に関係する信号をチェックしていきました．その結果，データのアドレスを決めるアドレスカウンタが，異常時にはダブルカウントしていたことがわかりました．**図 5.71** にマルチドロップ接続の制御信号の回路および関係するブロック図を示します．オシロスコープ観測により，**図 5.72** に示す制御信号の立上り時の段差が確認され，この段差がレシーバのスレッショルド付近のため波形

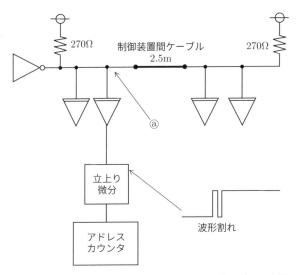

図 5.71　マルチドロップ接続の制御信号の回路とブロック図

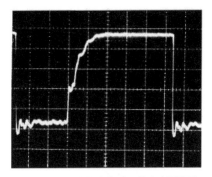

図 5.72　誤動作発生時のⓐ点実測波形

割れに結びつくことがわかりました.

　段差部分の電圧がスレッショルド付近となった原因は,ドライバ近くに接続されているレシーバに対し,立上り時のドライブ能力(プルアップ抵抗に依存)が十分でなかったためと考えられます.

〔対策〕

　原因分析の結果,マルチドロップ接続はそのままにして,伝送線路両端のプルアップ抵抗の抵抗値を $\frac{1}{2}$ としてドライブ能力を高める対策をとることにしました.なお,プルアップ抵抗値を半分にしてもドライバの電流定格に余裕があるこ

とを確認しました．この対策の結果，制御信号のスレッショルド付近の段差のレベルを上げることができ，データ異常の発生がなくなり解決しました．

事例 5.6

アンチパッド上の高速信号パターン間のクロストーク不具合対策

〔現象〕

制御装置がときどき誤動作をして動作が安定しない不具合が発生しました．

〔原因と分析〕

誤動作を発生する高速信号を中心に信号波形を見ると，波形歪が大きく，またクロストークが見られました．この基板では，パターン間のピッチ間隔をパターン幅の3倍とする設計ルールとなっていましたので，通常はこのようなクロストークが現れることはないはずです．そこで，基板パターンを調べたところ，図5.73に示すように2本のパターンがコネクタのスルーホール間を貫くように走っていました．スルーホール周り内層グラウンドのアンチパッドが横方向につながり，グラウンドプレーンに大きな切り欠きがあるのを見つけました．この切り欠きが，クロストークや波形歪の原因と考えられました．

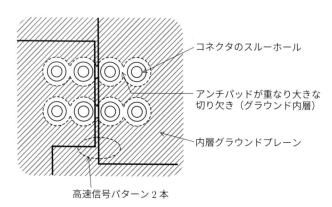

図 5.73　基板上コネクタのスルーホール周りのパターンの様子

〔対策〕

コネクタを貫くように走っていた2本のパターンの経路を変更し，信号下のグラウンドプレーンが欠けないようにしました．結果として，問題となっていた高速信号の波形歪とクロストークがなくなったことで誤動作しなくなり，解決しました．

おわりに

　昔，「ノイズは複雑で難しく，解決に時間がかかる．多くのトラブルを経験していろいろ対策を試行して積み重ねないとね」と諸先輩に言われていました．確かに，ノイズには低周波から高周波，連続と瞬時のものなど多くの種類があるとともに，回路図・接続図通りに伝わるとは限らないといった課題もあります．しかし，ノイズも電気信号であり，信号が伝わるのは物理現象なのです．ノイズに対応した設計・対策を効果的かつ確実に行うためには，経験則では限界があり，ノイズの基本（物理現象）を理解したうえで実践に展開できる技術を身につけることが有効です．まさに急がば回れであり，これらの技術が身につくことを念頭に執筆を心掛けました．

　なお，本書は初めから通して読む場合だけでなく，必要とする項目から拾い読みされることも想定し，必要に応じて説明を加えるとともに参照項目を明記しました．読み方によっては，若干冗長に感じられることもあると思いますが，ご理解願います．

　本書により読者の皆様がノイズ関連の技術の土台の形成と実践的な応用力を習得され，お役に立てば幸いです．

　末筆になりますが，仕事を通じて貴重な助言や協力をいただいた三菱電機のエンジニア，マネージャ各位，20年以上活動を共にした電気学会の電子回路関連のノイズアイソレーション技術調査専門委員会委員各位に感謝します．特に，故人となりましたが，親身にご指導いただいた仁田周一先生，ノイズアイソレーション技術調査専門委員会委員長の伊藤健一先生に感謝します．また，文中のイラストを快く引き受けてくれた娘（斉藤理絵），本書の企画，編集いただいたオーム社の方々に感謝します．

2020 年 3 月

著　者

参考文献

1) 山﨑弘郎，仁田周一，斉藤成一，古谷隆志，上野美幸：『ディジタル回路の EMC』，オーム社（2002）

2) 吉野純一，山下幸三，吉田将司，水谷浩，斉藤成一：『無線通信工学の基礎と演習』，コロナ社（2014）

3) 斉藤成一：『回路レベルにおけるノイズ対策』（第1章　ディジタル回路のノイズ対策），ミマツデータシステム（1992）

4) C. G. Ringwall, "Radio Interference", Industrial Electronics Handbook, Macgraw-Hill Book Co., Inc.(1958)

5) Henry W. Ott（出口博一 監訳）：『増補改訂版・実践ノイズ低減技法』，ジャステック出版（1990）

6) 電気学会・電子回路のアイソレーション総合技術委員会 編：『電子機器のノイズアイソレーション技術』，コロナ社（1998）

7) 日本 TI：『ALS/AS TTL アプリケーションマニュアル』，エレクトロニクスダイジェスト（1985）

8) 仁田周一：「電子装置における雑音障害とその防止法」，電子通信学会誌 2/'84（1984）

9) 荒木康夫：『ノイズ防止対策の基礎』，トリケップス（1977）

10) 荒木康夫：『電磁妨害とその防止対策の基礎』，東京電機大学出版局（1977）

11) 明星慶洋，斉藤成一：「信号トランス回路モデルのパラメータと有線通信線路の周囲に発生する磁界との関係に関する検討」，電子通信学会論文誌，Vol.J91-B，No.2，pp.188〜198（2008）

12) 斉藤成一，中村俊一郎，仁田周一：「外部信号ケーブルに重畳するノイズに対するプリント配線板上の回路への誘導ノイズとその低減法」，電気学会論文誌 C，Vol.119，No.12，pp.1520〜1527（1999）

13) 須藤俊夫（監訳），井上博文ほか10名：『ハワードジョンソン・高速信号ボードの設計 基礎編』，丸善（2007）

14) 須藤俊夫（監訳），斉藤成一ほか8名：『ハワードジョンソン・高速信号ボードの設計 応用編』，丸善（2007）

15) 中尾好宏，前花芳夫，伊藤隆弘，仁田周一：「CRT の表示を揺らす外部交流磁界を遮蔽する実例」，日経エレクトロニクス，pp.173〜184，1987.1.12 号

16) 斉藤成一，下村哲朗，藤田重人，仁田周一：「GIS 内断路器 ON/OFF 時のアークにより発生するサージの電子回路への移行特性解析」，電気学会論文誌 C，Vol.123，No.7，pp.1204〜1211（2003）

17) 田邉信二, 斉藤成一:「バックボードを用いた 10 Gbps 高速基板間シリアル信号伝送」, 電子情報通信学会論文誌 C, Vol.J87, No.11 (2004)

18) 斉藤成一:「機器レベル, 回路基板レベルでのイミュニティ向上設計法」, 2000 年 EMI・EMC ノイズ対策シンポジウム (JMA) (2000)

19) 伊藤健一:「直列に抵抗が入ったものに置き換えろ」, EMC, No.89, ミマツデータシステム (1995)

20) 渋谷昇, 高木治夫, 熊本佳代子, 本間剛, 伊藤健一:「プリント配線板上のクロストーク雑音解析」, 電子通信学会論文誌, Vol.J68-B, No.9, pp.1074 (1985)

21) 斉藤成一, 伊藤隆弘, 山田眞志:「高速ディジタル信号伝送の波形歪み対策例」, 電気学会 C 部門大会・論文集 (1993)

22) 高周波回路のアイソレーション技術調査専門委員会, 「高周波回路のアイソレーション技術」, 電気学会技術報告 (1996)

23) 菊池秀雄:「BGA 基板とプリント配線板間の電磁界の共振の解析」, 第 23 回エレクトロニクス実装学会講演大会, pp.129 〜 130 (2009)

24) 潤工社テクニカルハンドブック発行プロジェクト:「潤工社テクニカルハンドブック」, 株式会社潤工社 (2004)

25) 鈴木茂夫:『高周波技術入門』, 日刊工業新聞社 (2003)

26) 清水浩, 鴨志田真一, 高岡健一, 土川信次:「環境対応低伝送損失多層材料」, MCL-LZ-71G, 日立化成テクニカルレポート, No.50 (2008)

索　引

〈著者略歴〉

斉藤 成一 （さいとう　せいいち）

SS ノイズラボラトリ代表・博士（工学）
1973 年　早稲田大学理工学部卒業後，三菱電機株式会社入社
以後，コンピュータシステム，各種制御装置・ハードウェア，Gbps 級高速
信号伝送，EMC などの研究・開発に従事．
2000 年　東京農工大学大学院・博士後期課程（社会人）修了，博士（工学）
2010 年　三菱電機株式会社定年退職
2010 年　サレジオ工業高等専門学校専攻科 教授
2016 年　サレジオ工業高等専門学校退任
2016 年　SS ノイズラボラトリ開業，現在に至る．

電子機器・装置のノイズ対策入門
—グラウンド／シールド設計徹底理解—

2020 年 4 月 5 日　　第 1 版第 1 刷発行
2023 年 1 月 10 日　　第 1 版第 4 刷発行

著　　者　斉藤成一
発 行 者　村上和夫
発 行 所　株式会社 オーム社
　　　　　郵便番号　101-8460
　　　　　東京都千代田区神田錦町 3-1
　　　　　電話　03(3233)0641(代表)
　　　　　URL　https://www.ohmsha.co.jp/

© 斉藤成一 2020

組版　チューリング　　印刷・製本　美研プリンティング
ISBN978-4-274-22517-8　Printed in Japan

本書の感想募集 https://www.ohmsha.co.jp/kansou/

本書をお読みになった感想を上記サイトまでお寄せください．
お寄せいただいた方には，抽選でプレゼントを差し上げます．